U0155339

微视频艺术与传播

常秀芹 ◎ 著

中国戏剧出版社

CHINA THEATRE PRESS

图书在版编目（CIP）数据

微视频艺术与传播 / 常秀芹著. -- 北京 : 中国戏剧
出版社，2020.8（2021.9重印）
ISBN 978-7-104-04998-2

Ⅰ．①微… Ⅱ．①常… Ⅲ．①视频制作 Ⅳ.
①TN948.4

中国版本图书馆CIP数据核字(2020)第155548号

微视频艺术与传播

策划编辑：王松林
责任编辑：郭　峰
责任印制：冯志强

出版发行：中国戏剧出版社
出 版 人：樊国宾
社　　址：北京市西城区天宁寺前街2号国家音乐产业基地L座
邮　　编：100055
网　　址：www.theatrebook.cn
电　　话：010-63385980（总编室）
传　　真：010-63383910（发行部）

读者服务：010-63381560
邮购地址：北京市西城区天宁寺前街2号国家音乐产业基地L座

印　　刷：北京九州迅驰传媒文化有限公司
开　　本：787mm×1092mm　1/16
印　　张：13.5
字　　数：200千字
版　　次：2020年8月　北京第1版第1次印刷
　　　　　　 2021年9月　北京第1版第2次印刷
书　　号：ISBN 978-7-104-04998-2
定　　价：78.00元

目　录

1

第三章　微视频的审美特征与造型要素

第四章　微视频镜头设计与创作案例解读

第五章　微视频创作常用软件和后期剪辑

引　言

微视频的内涵、特征与发展

　　微视频在艺术形式和媒介意义上分别属于影像艺术和新媒体的范畴。微视频中的"视频"是其作为影像艺术的本质，表述其具体的艺术形态和主体内容；"微"是其特质，体现"视频"这种艺术形态的时代性、科技性和媒介特性。

　　随着移动互联网和数字技术的发展，传统影视内容和视频内容的界限越来越模糊，发展视频产业已经成为媒体融合的重要战略和手段。微视频首先属于影像的范畴，是技术革命的产物，微视频的概念因其所处的主要以微博、微信、客户端为代表的微传播时代而来。微视频既可以成为微传播语境下的一种大众传播媒介，也可以成为新互联网时代一种碎片化的个人表达。微传播与微视频的这种"微"现象也意味着一种新的文化审美时代即将到来。

　　随着互联网的全面普及应用，人们以各种形式参与互联网内容的生产与传播，也通过以微博、微信为代表的微型社交媒体进行信息与情感的交流。这种以"微+"为名号的传播介质逐渐形成了互联网时代的一种潮流和风尚，改变了人们的生产生活方式、情感表达方式和思维方式。以"微电影""微纪录片""微视频新闻"为主的微视频内容构成了当下颇为重要的"微传播"现象。

在影像艺术发展的历史长河中，从战国时期的"小孔成像"到1839年摄影术正式诞生，人类经历了漫长的探索过程。当摄影技术发展到可以实现连续摄影时，"电影"这一新的艺术门类就应运而生了。20世纪以来，现代科学技术的迅猛发展为摄影艺术、电影艺术和电视艺术提供了前所未有的发展空间和创作天地，它们共同构成了早期影像艺术的群体景观。而数字技术与互联网的发展，为影像艺术的生产传播和呈现方式提供了多元化的平台与媒介，也构建了微视频诞生与发展的基础。

微视频基于互联网作为一种全新媒介的特质及其具名的革命性意义，其内涵与外延仍在不断发展变化，对社会、文化、艺术、技术的影响也是全方位的。

一、微视频内涵界定

微视频的出现，离不开两个方面的基本因素：一方面是互联网时代数字成像技术与数字制作技术的发展；另一方面是媒介与信息传播方式的改变。与传统的影像艺术相比较，"微视频"的表述更强调新的时代背景和互联网语境下影像艺术的特殊性和生命力。

本书将微视频概括为："以数字技术和具有互动性的新兴传播媒介为支撑，以移动媒体为主要传播阵地的各类视频影像，包含微电影、微纪录片、微视频新闻、微形象片以及其他各类短片等。"微视频是伴随媒介融合地深入、信息传播方式的改变而出现的，是以互联网为代表的新媒体与传统的影视艺术跨界整合而生的产物。

微视频代表着最先进的影像技术，是对传统影像艺术和形态的补充与发展，其影像文本可以涵盖摄影、绘画、电影、电视以及包括DV在内的各类以新媒体为传播载体的时长较短的视频影像。与微视频相对应的另一个称谓是"短视频"，两者之间的关系可以从以下辨析中得以体现。

（一）短视频

短视频，顾名思义是指短片类视频，这个称谓涵盖了"短片"和"视频"两种语境。视频最早是与摄影相对应的双生概念：静态摄影称为图片，动态摄影称为视频。在互联网时代，视频通常指在新兴媒体上，进行传播互动的动态影像类的内容形态；而短片原是一个电影术语，来自法文"court metrage"，"metrage"指电影胶片的长度，在英文中对应的词是"short film"。短片是一个相对概念，是对传统电影、电视节目中时长较短的片种的称谓。传统电影的片长通常在90~120分钟左右，而短片时长一般在5~20分钟左右。在电视节目中，短片以新闻、专题、短剧、短纪录片等节目形式大量存在。

随着互联网和数字制作技术的发展，短片的制作群体从专业化走向大众化，制作手段和传播方式也都发生了革命性的变化。尤其近几年，移动互联网的快速发展和智能手机的普及，短视频成为媒体融合报道和信息传播的重要手段，对"短片"的称谓也逐渐变成了"短视频"。

关于短视频的概念，业界与学界虽多有阐述，但尚没有统一的定义，基本围绕视频时长与传播终端两个要素展开阐述，比如：视频长度在5分钟左右，最长不超过20分钟；依托移动智能终端，传播互动的形态多元的各类视频短片等。目前对"短视频"的称谓更多集中在市场运营端群体，比如基于视频用户规模、视频产品平台、视频行业生态为主要研究对象的各类市场调研机构和相关平台。

（二）微视频

微视频的概念因其所处的以微博、微信、客户端为代表的微传播时代而得名。

业界与学界对于"微视频"与"短视频"的内涵阐述大同小异，也有将两者等同之说。笔者认为，"微视频"的语义比"短视频"更具鲜明特色，主要体现在两点：微视频首先是基于"微传播"语境下的一种大众传播媒介；其次，微视频是作为新互联网时代一种碎片化的群体或个人情感的表达手段。"微传播"与"微视频"的这种"微"现象也意味着一种新的艺术实践和审美时代的到来。

对"微视频"的称谓更多体现在内容端群体，比如 2017 年以来，中央电视台、新华社、《人民日报》等都相继推出一系列微视频节目，如央视推出的时政类微视频系列节目《初心》、社会新闻类微视频栏目《中国微故事》，新华社推出的系列微视频《我们的自信》、"一带一路"微纪录片《大道之行》，《人民日报》推出的时政类微视频《中国进入新时代》《一个不能少》等。这些微视频的设计制作注重从大题材上寻找小视角，化宏大叙事为个体叙事，很多作品在微博、微信端形成了爆点，取得了很好的传播效果。2017 年底，中央电视台纪录频道举办首届"V9·微视频提案大会"，第一次推出"微 9 视频"概念，成功搭建了微视频提案征集平台，并进行微视频产品化、系列化、品牌化的布局和设计。

综上所述，"短视频""微视频"虽然称谓不同，但在内涵界定方面基本一致：时长多在 5~20 分钟左右；内容广泛，视频形式多样，涵盖了包括微电影、微纪录片、各类短片在内的丰富的视频样态；具备以新媒体为传播载体的媒介特性及创作表达方面的"微"特征。

二、微视频的基本特征

（一）微视频在传播呈现方面的"微"特征

1. 微传播特征

与传统影像艺术相比较，微视频的传播媒介突出表现在"微传播"特征。根据麦克卢汉《理解媒介》中的表述：传播技术形式会对空间、时间以及人类感知等方面引起深刻变化。人类社会文明的每一次跨越，都离不开技术革命和新兴传播媒介的革新。在传统的媒体格局中，电影、广播、电视的生产播放有着极高的门槛和严格的技术限制，而互联网时代打破了这一传统的传播格局，分众化传播、个性化传播成为必然。如今，中国网民规模已经超过 7 亿，他们以各种形式参与到互联网内容的生产与传播中，也通过微博、微信为代表的"微"型社交媒体进行信息与情感的交流，形成了当下一个重要的"微传播"特点。

随着移动通信技术的发展，手机的角色定位也从单一的通信工具转变为媒体传播平台，其便携性、即时性的传播特征可以随时随地满足人们对空闲时间的填充利用。在以手机媒体为主导的微传播时代，人人都是手机媒体的使用者，也都是自媒体的生产与传播者。人们可以随时随地用微视频记录社会生活和新闻事件，并通过互联网进行传播分享。这种以微视频为主导的"微传播"现象也引领人们进入新的艺术实践和审美时代。

2.微体量特征

"微体量"特征包含两方面的语义：一是微时长，二是微叙事。

微时长：相比院线电影、长纪录片和电视剧的宏大叙事，微视频时长较短，人物关系、内容结构简短单一，可以表现的题材内容更丰富。长片有长片的价值，微片也有微片的魅力。微视频的时长短则几十秒，长则 20 分钟左右，更切合新互联网时代碎片化、即时性和互动性的信息传播需求。

微叙事：与长篇叙事相比较，做精做短更能考验创作者的理解力、想象力和表现力。俄罗斯导演安德烈·冈察洛夫斯基在阐述电影创作时说："短，比长有更高的要求。"中国传统文化艺术精品中，许多经典巨著都是言简义丰、以少胜多的"致精微"之作。被誉为世界第二大圣书的《道德经》，以 5000 字的篇幅论述修身、治国、用兵、养生之道，成为享誉古今中外的"万经之王"；李白的《静夜思》以 20 字的篇幅勾勒了一幅生动形象的月夜思乡图，气韵独具，流传千古。微言大义，一叶知秋，微视频的创作往往要从单一的主题、单一的事件、单一的人物关系、单一的故事线索中，实现对内容结构地巧妙组织，对人物故事、主题内核的精微呈现。

3. 微制作特征

微视频制作周期短，投入少，准入门槛低，个人参与度高。由于微视频在篇幅上短小精悍，结构简单，不可能在短时间内容纳太多叙事和呈现太多主题，所以拍摄起来省时省力，比较容易操作。一部优秀的微视频作品，往往选取一个精微的叙事视角切入，具有单一的主题和碎片化的叙事特征。能不能在有限时间内讲述好一个故事、呈现好一个主题，往往是评价微视频作品质量的重要依据。此外，微视频在制作和传播手段方面灵活多样，无论是商业服务应用还是社交媒体应用，都有巨大的商业价值和行业前景。

（二）微视频在创作主体方面的多元化特征

互联网的快速发展和网络平台的开放性与包容性，赋予了自媒体生长发育的平台和土壤。而数字技术的发展更新，也令"人人都可以拍电影，人人都可以当导演"成为现实。随着视频拍摄与制作的技术门槛与成本门槛的降低，每一个具有表达欲望的普通人，都有可能成为一个微视频的创作者或传播者。

目前微视频的创作主体大体可以分为以下三类：

1. 以传统媒体和新媒体从业人员为代表的专业创作群体

在新互联网时代，视频已经成为链接传播平台、内容、终端以及应用的重要元素，微视频成为传统媒体、新媒体互相竞争的艺术形式。各媒体都在结合自身特色和平台优势，进行微视频的产品化、系列化、品牌化的布局设计。比如中央电视台依托自身优势，对时政类资源进行深度挖掘和整合。2016 年成立以时政类、社会生活类、历史文化类为主的微视频工作室，2017 年底，中央电视台纪录频道举办首届"V9·微视频提案大会"，寻找并扶持有创造能力的微视频团队。

2016年，新华社为纪念建党95周年推出的微电影《红色气质》是近年来引爆传统媒体和新媒体的现象级作品。《红色气质》以老照片及其背后的故事为基本载体，通过高标准的电影制作手法、精微的叙事视角，实现了主流价值观的有效传播。

另外，受媒体融合发展的影响，传统的报刊、通讯社等主流媒体的新闻传播样态也在发生变化，旧的新闻生产方式被取代，逐渐形成了新闻视频化、视频优先化、移动优先化等新兴的新闻专业价值观。

上述专业群体在生产创作方面更加注重微视频的专业品质，比如对作品中影像的叙事表现、人物形象的塑造和主题的提升，从而保证了微视频这一当下热门的传播样态在艺术价值和传播价值方面的双重属性。

2. 自媒体制作机构和青年学生

青年学生也是当下微视频队伍中的生力军，这一群体往往有着相同或相近的专业教育背景，比如影视艺术、新闻传播、数字媒体、摄影、设计等专业。他们在学校进行过相关专业的理论学习或实践课程训练，具备一定的理论基础和动手能力，他们通过参加各类微视频大赛或者作品展映、观摩交流等活动，参与到微视频的创作队伍中，并成为微视频专业创作或影视艺术创作重要的后备力量。

这类群体中的突出代表是2014年先后成立的"一条""二更"微视频自媒体机构。"一条"的原创微视频内容主要包括艺术品、原创设计、建筑设计、茶饮等，后来又成立了专门做美食文化类微视频的公众号。"二更"的选题视角更加多元化，注重对各行各业普通人的关注和刻画，记录普通人身上所承载的历史印记、城市发展和文化变迁。"一条""二更"的微视频都有在叙事视角上以小见大，在叙事结构上开门见山、直抒胸臆的特点。在具体表现上，传统纪录片往往采取多元化、多角度的叙事方式，而"一条""二更"的微视频更注重选取一个角度，呈现一个现象或者表达一个观点。

以"一条""二更"为代表的微视频自媒体以其个性化的内容呈现方式、

优质的影像表达手段、精良的后期制作水准，创造了自媒体微视频制作的奇迹。2016 年 3 月，"二更"对外宣布完成 A 轮超过 5000 万元的融资额，2017 年 1 月完成 B 轮融资达 1.5 亿元，实现了品牌塑造、市场收益的双丰收。

3. 普通大众中的视频爱好者群体

视频爱好者群体在年龄、职业、性别、教育背景等方面有很大差异。微视频是大众化的媒介样态，既可以记录意识形态、传播主流价值观念，也可以记录普通百姓的日常生活，普通人生活中喜闻乐见的题材都可以被记录、传播和分享。但从审美趣味上看，这个群体的微视频创作往往因缺乏专业能力而在呈现方式上显得粗糙、不讲究。从艺术创作层面来看，艺术作品是对生活的延伸和提升，微视频不仅仅是一个自娱自乐的载体，而是对视频素材进行艺术处理、艺术加工的新媒体影像艺术，要具有一定的艺术性、思想性和价值观念。没有进行艺术构思和艺术加工的微视频，只是网络的视频碎片，缺乏生命力和传播价值。

此外，一部分活跃的视频爱好者会成为各类媒体客户端的拍客，他们通过与各媒体平台签约，实现由个体发展向组织化发展的跨越，并通过各类业务学习和技能提升，成为微视频创作队伍的另一支力量。

（三）微视频在创作样式方面的丰富性特征

微电影、微纪录片、微商业片是当下主流的微视频样式。此外，还有大量具备新闻传播性的微视频消息以及各类微访谈、微综艺、微美食等丰富多彩的创作样式。从媒介功能的角度来说，微电影、微纪录片、微形象片通常可以用来进行意识形态与政策法规宣传、典型性人物打造、文化交流推广等方面的运用。这类微视频往往要求创作者具有一定的专业创作能力和较高的制作水准，通常由专业团队进行精心策划和制作。

近年来，微视频特殊的传播功能越来越受到重视。各级政府部门、企事业单位利用微视频创作样式丰富、受众面广、投入少、制作周期短、传播效果好的特点，举办各类微视频大赛及主题活动，使微视频在精神文明建设、主流价值观传播方面发挥了积极作用。

普通大众阶层的微视频制作内容品类繁多，想拍什么，不拍什么，基本取决于拍摄者个人的兴趣喜好。这类视频大多以自娱自乐为主，艺术水准不高，呈现出大众参与性、随意性和随时随地分享的社交媒体属性等特征。

三、结语

微视频作为互联网时代信息传播最重要的媒介形态，已经成为媒体融合发展、创新传播的重要途径和手段。2014年10月15日，习近平总书记在文艺工作座谈会上的讲话中提出："互联网技术和新媒体改变了文艺形态，催生了一大批新的文艺类型，也带来文艺观念和文艺实践的深刻变化……文艺乃至社会文化面临着重大变革。"在当今视频化传播样态与视频产业大发展的时代背景下，在微视频的内涵在不断丰富与延展中，影像艺术实践和影像美学正发生着更剧烈、更深刻地嬗变。不同类型影像创作的交叉越来越多，影像形态之间的界限越来越模糊，微视频艺术正在以更多样的形态和更广泛的应用，构建着视频时代的文化新景观。

第一章

微视频的过去、现在与未来

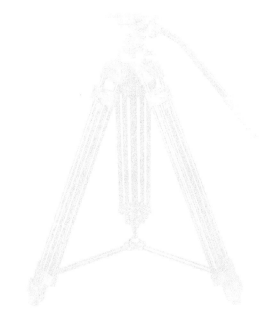

英国历史学家汤恩比说过这样一段话：一部人类的历史，是在挑战与回应中前行的历史。从科技的视角来看微视频的历史与发展，微视频首先属于影像的范畴，是技术革命的产物。微视频的概念因其所处的以微博、微信、客户端为代表的微传播时代而来，既可以成为微传播语境下的一种大众传播媒介，也可以成为新互联网时代一种碎片化的个人表达。微传播与微视频的这种"微"现象也意味着一种新的文化审美时代的到来。

在社会急剧转型、媒介融合快速推进的时代背景下，技术变革的大潮裹挟着行业、组织、社会、文化等方面错综复杂的力量，共同催生了微视频这一当下热门的传播样态。微视频最大的特色是"微"而不弱，它本身具有极强的融合性与开放性，与电影结合，它叫"微电影"；与纪录片结合，它叫"微纪录片"；与新闻结合，它叫"动态新闻"；与综艺节目结合，它叫"VCR"；而与摄影结合，它叫"动态影像"……微视频的出现，离不开两个方面的基本因素：一方面是数字技术的发展，另一方面是媒介与信息传播方式的改变。

第一节　数字技术发展的产物

一、从摄影到电影，从静态到动态

首先，微视频带有天然的摄影艺术的基因。

摄影是一门伟大的发明，如果没有摄影术，人类对客观世界的影像记录与传播大概只能凭借绘画来实现；如果没有摄影术，甚至不会诞生电影艺术、电视艺术乃至新媒体艺术。

回顾人类社会文明发展史，真实记录客观世界、表达传播人类情感是数千年来人类孜孜不倦、梦寐以求的向往和努力。从中国古老的甲骨文、彩陶纹饰，到古代苏美尔人的楔形文、古埃及的象形图画；从古代西方的亚里士多德、柏拉图，到古老东方的孔子、墨子，人类社会文明发展进步的历史，也正是人类记录世界、表达情感的愿望不断得以实现的历史。

早在公元前 200 多年，战国时期的墨子就在《墨经》中记载了小孔成像的现象。文艺复兴时期，西方一些画家利用小孔成像的原理设计制作了暗箱，通过暗箱小孔处的透镜将影像反射到画板上，辅助画家进行绘画创作。从小孔成像到摄影术诞生，人类经历了漫长的探索过程。直到 1839 年 8 月 19 日，在法国法兰西学院举行的科学院和美术院的联席会议上，法国美术家路易·达盖尔发明的"银版摄影法"被法国政府正式认定并公布于世，这标志着摄影术的正式诞生。摄影术的诞生，为人类的视觉信息表达方式带来了颠覆性的转变。人类感知世界的方式被改变了，数千年来依托书写和印刷媒介的信息传播手段被打破，人类文明自此进入了影像化、数字化的新时代。摄影术公布不久就以极快的速度发展并传播到世界许多国家和地区。当摄影技术发展到可以实现连续摄影时，另一种新的艺术门类也就应运而生了。

摄影技术的改进是电影得以诞生的前提。19 世纪末叶以来，现代科技以前所未有的速度迅猛发展，这既为摄影术的发展更新提供了新的物质技术手段，也在不断促使新的艺术种类和艺术形式的产生。

摄影术诞生后，一批画家转行从事摄影并大致构成了早期的摄影家群体。伴随着摄影术的快速发展，人类已经不能满足于静止的摄影技艺。事实上，从静态摄影到动态摄影，从无人机摄影到 VR 技术，人类从来就没有停止过对不同视觉体验的追求，以及用不同影像记录世界、对未知探索的步伐。19世纪后叶，一批科学家和艺术家开始幻想着有一天能够实现对客观世界的连续拍摄和记录呈现。1895 年 12 月 28 日晚上，法国的奥古斯特·卢米埃尔兄弟在巴黎卡普新路14号的一家大咖啡馆的地下室里，放映了他们自己拍摄的《火车进站》《工厂大门》《婴儿的午餐》等多部短片，这一天被定为世界电影正式诞生的日子。当时的人们还没有意识到，这一天将成为改变人类历史文化风貌的转折点，电影不仅很快成为一种全新的艺术形式，也给人类带来了新奇的视觉体验与审美想象。

卢米埃尔兄弟是在他们的父亲老卢米埃尔经营的照相馆中学会摄影技术的。在协助他们的父亲管理照相器材的同时，兄弟俩研制出了"cinematographe"，意思是"活动电影机"，表明了卢米埃尔兄弟对人类生活进行动态影像记录的初衷和向往。他们拍摄的第一部影片《工厂大门》，是以自己家的工厂和工人作为拍摄场景和拍摄对象，影片记录的是工人下班时的景象。当工厂的大门打开，下班后穿着长裙的女工人和骑自行车的男工有说有笑地从工厂走出，他们神态自然、轻松愉悦，随后大门又重新关上。卢米埃尔兄弟以熟悉的场景和普通劳动者为拍摄对象，真切地表现了工人们自然真实的形象和生活。受当时的技术限制，包括《工厂大门》《火车进站》在内的这些世界上最早的影片都是固定场景拍摄，时长都很短，仅有一两分钟。今天看来，这也应该是世界上最早的"微视频"了。

电影术和摄影术一样，在诞生之初都是以社会纪实为其功能属性，都属于影像艺术的范畴。

20世纪以来，现代科学技术的迅猛发展为影视艺术提供了前所未有的文化环境和传播手段，也为影像艺术提供了更广阔的发展空间和创作天地。从本质上来说，真正将艺术和科技相结合并开拓出一片崭新创作空间的正是包括摄影、电影在内的影像艺术。不论摄影还是电影，它们都共同经历了由胶片到数码、从黑白到彩色的变身。而20世纪20年代后期有声电影的出现，使电影艺术实现了由默片到有声片的跨越，也使电影成为集视觉艺术与听觉艺术、时间艺术与空间艺术、造型艺术与动态艺术、再现艺术与表现艺术于一身的综合艺术样式。与此同时，摄影艺术也发展迅速，在世界各国出现了各种不同的风格与流派，其中最具影响力的是绘画主义摄影和纪实主义摄影，而纪实主义摄影至今仍然是摄影艺术中最重要的一个类别。作为空间的静态艺术，摄影有个重要的审美特征就是"寓动于静"，它瞬间性与永固性的影像价值是其他艺术形式无法比拟的，这也为摄影艺术赢得了"一图胜千言"的美誉。进入 21 世纪，摄影不仅成为一个庞大而独立的产业，更成为连接传媒行业各领域的重要媒介。而数码产品、网络媒体、手机媒体等多媒体平台的迅猛发展，也给整个摄影行业带来了天翻地覆的变化和未来无限的可能。

二、从媒介形式到艺术样式

科技对艺术的影响一方面在于科技为艺术发展提供新的媒介和技术手段，另一方面又促使新的艺术门类与艺术形态的产生。20 世纪以来，科技以前所未有的速度迅猛发展，对世界各国人民的物质文化生活和精神文化生活都产生了巨大而深刻的影响。电影艺术诞生后不久，20 世纪 20 年代中叶，能同时播出声音和影像的电视技术诞生。这种以磁带为载体，以摄像机为创作手段的电视技术，很快成为人类进行信息交流的重要媒介，它与电影艺术一起被统称为影视艺术，成为 20 世纪以来最具影响力的大众艺术。

同样作为大众传播媒介与艺术的综合体，电影与电视在影像手段、视听融合、审美体验、反映现实等方面具有明显的相似性和共同点。20 世纪后叶，随着数字技术的发展，影视艺术制作手段和传播载体都发生了革命性的变化，首先是胶片、磁带被数字化取代。1996 年，数码视频摄像机（Digital Video，DV）的诞生，意味着摄像机不再是专业人士的特权。一项科学技术的发明，除了技术本身的因素外，设备的简化也是影响其推广普及的一个重要因素。与电视台高大上的专业器材相比，DV 相对小巧的机身与低廉的价格能够被许多大众和家庭所接受，从此摄像机开始走入寻常百姓家，成为人们自由创作、拍摄记录生活和表达情感的工具。除了传统的 DV 机器以外，佳能、尼康等相机生产厂家也都加强技术研发，开发利用相机的视频拍摄功能。2009 年 10月，英国《卫报》的摄影记者用佳能 5Dmark Ⅱ 拍了一段 3 分钟多的动态影像，展现了中华人民共和国成立 60 周年大阅兵的震撼场面和过程，这在当时的摄影界引起了广泛关注，也标志着传统数码相机由"摄影"时代正式迈入"摄影 + 视频"的时代。

进入 21 世纪，手机的功能也在悄然发生着变化，从与生俱来的通信功能到网络媒体功能的延伸，手机早已经被公认为是继广播、报刊、电视、网络之后的第五大媒体。如今，手机既是个性化的信息传播载体，也是人们参与社会生产生活的基本媒介，还是人们随身携带的相机、摄像机。手机日益强大的拍摄功能，令拍照和摄像的门槛越来越低，摄影师和摄像师越来越成为大众化的职业。人人都可以成为摄影师，人人都可以成为电影师。如今，无论是便携式单反相机还是手机，大都可以实现高清晰、变焦及动静结合的拍摄功能。科技的进步和手机的普及也激发了人们对影像媒介形式和艺术样式的多样化需求。于是，个性化的微电影、VLOG、抖音等各式各样的动态影像产品纷纷崛起，构成了数字时代早期的"微视频景观"。

第二节　媒介融合发展的产物

一、传播媒介的改变

媒介融合发展的前提是传播媒介的改变。郭庆光教授在《传播学教程》一书中，将传播界定为"社会信息的传递或社会信息系统的运行"。微视频作为一种影像形式，其传播目标除了影像主体，还包括影像主体裹挟的信息。信息的传播离不开媒介，但媒介并不能等同于媒体。一般来说，媒介是将传播过程中各个因素连接起来的纽带，起着中介的作用；而媒体指的则是报纸、广播、电视、网络等传播媒介及其机构，媒体不只是简单的媒介传播的工具和渠道，而且担任信息发布的主体。

根据传播媒介技术发展的四个主要阶段，学界通常将人类历史进展概括为四个传播媒介时代：口语时代（口语文化）、文字时代（文字或书写文化）、印刷术时代（印刷文化）以及电子媒介时代（数字传播文化）。其实当今所认知到的世界主要是艺术或者说是由网络视听艺术构建起来的，视听艺术已经成为当今文化传播的主流，必然引起人类认知方式的革命。作为书写文明时代的新的认知方式，它需要新的世界观和价值观。根据加拿大著名传播学家麦克卢汉的观点，任何新媒介都是一个进化的过程和生物裂变的过程。网络视听艺术为人类打开了通向感知和新兴活动领域的大门。

科技的迅猛发展不仅催生了新媒介，还为媒介融合提供了物质基础。按照美国传播学者、马萨诸塞州理工大学普尔教授的观点，媒介融合就是各种媒介呈现多功能一体化的发展趋势。随着互联网技术的发展，以科技为支撑的新兴媒体大量涌现，并因其信息的海量化、受众的互动性、传播的即时性而受到大众的普遍欢迎，受众的需求是媒介融合的根本动因。麦克卢汉在《理解媒介》一书中表示："媒介即讯息。任何媒介都是人的延伸；任何媒介（即人的任何延伸）对个人和社会的影响，都是由新的尺度引起的；我们的任何一种延伸（即任何一种新媒介技术），都要在我们的事物中引发一种新的尺度。"麦克卢汉认为，广播媒介是听觉的延伸，印刷媒介是人的视觉延伸，电视媒介是视觉和听觉的综合延伸。"新的技术"引入的"新的尺度"，实际上就是指新技术引发的新媒介的诞生。麦克卢汉的"媒介即讯息"理论在本质上是强调媒介对人类社会的巨大影响。在他看来，媒介的变革比内容更为重要和关键，因为媒介的变化带来的是社会各个领域的联动式变革。

通常情况下，媒介有两种含义：一种指的是信息传播的载体、渠道、中介物、工具或技术手段，如书籍、广播电视、文字、艺术作品等；另一种指的是从事信息采集、加工制作和传播的社会组织。互联网在传播学中的意义属于后者，它为人们进行信息交流提供了必要的空间和平台。从媒介环境学角度来理解作为感知环境的互联网，麦克卢汉认为"媒介即人的延伸"，媒介是人类感觉器官和身体功能的延伸，不同的媒介延伸着人类不同的感觉器官。无论印刷术的发明、电影电视的发明还是互联网技术的出现，都对人类社会的组织结构、人们的生产方式、生活方式乃至思维方式产生了巨大改变和影响。

2018 年 1 月 31 日，中国互联网络信息中心（CNNIC）在京发布第 41 次《中国互联网络发展状况统计报告》。数据显示：截至 2017 年 12 月，我国网民规模达 7.72 亿，普及率达到 55.8%，超过全球平均水平（51.7%）4.1 个百分点，超过亚洲平均水平（46.7%）9.1 个百分点。我国网民规模继续保持平稳增长，互联网模式不断创新、线上线下服务融合加速以及公共服务线上步伐加快，推动了网民规模的增长。网民数量的增长、互联网普及率的提升，中国互联网的应用也经历了从量变到质变的过程，这种质变体现在信息的精准性以及与社会发展的贴近性上。互联网信息服务向精准性发展，信息的传播过程中能够提高受众互动的积极性，反馈渠道也更加畅通，借助技术手段提升信息的针对性。拓展、维系用户的目的也更加明确，受众不再是被动的信息接收者，而是主动地接收信息并生产信息的传播者，传统的传者与受者的界限不断消除，互联网的发展引发的信息环境的变化成为新影像传播的必要环境因素。

21 世纪以来，融合发展成为国际传媒发展的战略和手段，它改变了传统媒体的组织架构和传播方式，也在不断催生传媒领域行业边界、职业边界发展变化。随着互联网技术的发展和媒体融合进程的不断推进，信息传播中的视、听、图、文不再割裂，构建现代传播体系成为平面媒体、电视媒体、网络媒体等的必经之路。加快融合传播的力度和深度也成为各媒体集团的共识。无论电视媒体还是报纸、网络，在融媒体生产链条上，传统媒体的视频化发展、移动优先、视频优先的理念占居主导。从总编辑到各平台编辑、摄影师、后期编辑等岗位，都在顺应新的生产方式、制作方式、传播方式的改变。融媒体联动报道、全媒体生产报道已经成为当今媒体人的工作常态。

二、从读图时代到视频时代

受到媒体融合发展和数字技术的影响，影像传播也进入快速转型期，形成了多元化的影像传播新局面。

（一）读图时代

中国的读图时代大约从 20 世纪末就开始了。20 世纪 80 年代，改革开放的春风吹醒了长期以来被禁锢的文艺界和思想界。中国的摄影人也开始到现实主义创作中去汲取营养，并在实践中探索着纪实摄影对现实世界的叙述和评论。这一时期也是中国纪实摄影发展的一个关键期，它衔接着历史的伤痛，又接引着新时代浪潮的喧嚣。那个年代的摄影人对优质的文化知识、艺术理念充满敬重和渴望。不可否认，那是一个孕育创造力的伟大时代。宽松的创作环境和饱满的时代激情赋予了摄影人热情呐喊、追逐梦想的力量，他们恰逢其时并希望成为历史的衔接者，而摄影给了他们与理想衔接的可能。

这一时期，在祖国的大江南北，涌现了一批有影响力并且至今仍然活跃在创作一线的纪实摄影家。上海的雍和，陕西的侯登科、胡武功，广东的安哥，山东的侯贺良、黄利平，北京的朱宪民、解海龙、于文国等都从自身所处的地域和工作开始了纪实摄影的探索之路。

进入 21 世纪以来，随着电子科技的改良进步和网络视听的快速发展，摄影越来越成为一种全民化的文化活动。大众对信息的接受方式从文字接受向视觉接受转变，仿佛一夜之间，人类的阅读习惯从文字时代跨越到了读图时代。视觉消费也逐渐成为大众信息消费的重要内容和方式，这在一定程度上引领并构建了读图时代的大众文化现象。在这样的时代背景下，以新闻摄影、纪实摄影为代表的纪实影像类内容逐步成为网络媒体发展的重要内容。绝大部分网站开始致力于网络影像内容的生产布局与传播平台的搭建。

新闻与纪实摄影的题材十分广泛，一切与人、与人的生活、与时代和社会发展有关联的现象都可以成为新闻与纪实摄影的创作题材。与其他类型的影像相比较，纪实摄影的拍摄往往以关心普通百姓生活、边缘人群与社会问题的姿态来切入现实。纪实摄影作品因为它的客观真实性，一直在披露社会问题、激发人类良知、化解社会矛盾方面发挥着重要作用。在摄影史上，有许多重要的事件因为纪实摄影作品的传播而引发广泛关注，进而推动了社会的进步。美国摄影家马格南图片社的著名摄影师尤金·史密斯，晚年拍摄日本的"水俣病"专题就是其中最为典型的代表作。日本雄本县水俣湾附近一个叫水俣村的小渔村，由于化工厂将含汞废水排入水俣湾，导致村民出现手脚畸形甚至死亡的怪病。尤金·史密斯在村民的邀请下介入调查拍摄，尽管遭到化工厂老板横加阻挠及指使打手毒打，但史密斯并不畏惧，一边治疗一边坚持拍摄，前后用了三年半的时间才完成整个拍摄计划。《水俣》画册出版后，不但震动了日本，也在世界范围内引起各界对于工业污染的重视。尤其是摄影师拍摄的《母亲给智子洗澡》那张，画面中，一个黑暗角落的简易浴缸里，母亲双手托起儿子畸形的身体，慈祥的双眼关切地注视着痴呆无助的智子，黑暗中的逆光勾勒出了母子的轮廓，仿佛西方教堂里圣母与圣子的雕像，作品体现了摄影师对弱者的深切同情和强烈的人文关怀。FSA（Farm Security Administration）纪实摄影运动中那幅著名的《迁徙中的母亲》，满面愁容的母亲目光凝视着远方，身上依偎着三个窘迫的孩子，这幅作品被广泛认为是FSA纪实摄影运动的代表作，作品把特殊时代背景下妇女儿童的生存困境和人性尊严定格在了历史的影像长廊中，并引发社会广泛关注，影响和推动了政府决策。

在20世纪的中国，人们对于全民性的扶贫公益活动——"希望工程"的认知，通常会从摄影家解海龙的摄影作品《大眼睛》开始。作为希望工程的代表性影像标识，画面中那双纯净的大眼睛，充满了淡淡忧郁的、憧憬的眼神，曾经打动过无数人，也深刻地影响了一代人。

在互联网普及前，这些摄影家的作品大多要从专业报刊中阅读，随着互联网时代的到来，不仅专业报刊开始布局互联网传播。事实上，商业网站在对影像的产业开发和布局方面要比传统媒体敏感得多，也得心应手得多。以腾讯和新浪为例，二者不仅早早地开设了图片频道，还设立青年摄影师成长计划，为青年摄影师提供展示作品的平台和资金项目支持。这既满足了互联网时代网站本身对图片的大量需求，也为网络媒体培养了一支年轻派的摄影力量，同时为纪实摄影提供了多元的发展空间。

腾讯的图片频道设置了《活着》《图话》《谷雨》等丰富的栏目群，虽然都属于纪实摄影的类别，但是在栏目定位上又各具差异：《活着》栏目关注普通人的生存状态，《图话》紧跟社会热点，《谷雨》栏目是腾讯"谷雨计划"作品展示专区。"谷雨计划"是一个影像创作扶持计划，支持那些关注中国社会议题的影像创作者，通过纪实摄影和纪录片的方式，"直面时代和生活内部的灰尘、纹理和质感，让不能发声者发声，使不能抵达的人群和被忽视的故事，被看到和被听到（谷雨计划作品征集要求说明）"，属于公益项目的性质。更重要的是这些创作者的视角具备了专业主义的基本素质：注重细节表现，注重人文关怀，关注人的命运和社会的进步与完善。

在栏目打造和内容传播方面，以腾讯图片频道的《活着》栏目为例，栏目名称的设计、内容的定位和推送，都体现了专业主义的规范。栏目的每期核心内容都会在腾讯新闻网客户端或者浏览页的前端进行滚动展示，展示的方式类似于报纸的要点提示，用最具吸引眼球的标题，搭配最具冲击力的图片。《活着》记录了社会最平凡最普通的人们的生活，绘成了一部时代小人物的影像志。

新浪图片频道的纪实摄影栏目《看见》和《新青年》栏目也较有代表性，《看见》着眼于现实生活中比较典型的贴合时代特征的人和事，如网红、戒毒、尬舞、相亲、比特币等。《新青年》将视角放在不同生活方式的年轻人，记录年轻人的生活状态，致力于打造个性化时代年轻人的影像志。而《一个都不能少》栏目专注于扶贫故事，其栏目宗旨具有较浓厚的人文关怀意识："我们记录和传播中国扶贫故事，感人也好，悲情也罢，贫穷不是他们的宿命，揭丑也不是我们的目的。"从门户网站的图片频道运作来看，在选题的定位、作品的把握、图片的编辑呈现等方面具备较好的发展势头，专业化程度也越来越高。这大大增加了纪实摄影与社会、与受众交流的机会，为纪实摄影的发展提供了更大更广阔的空间，打造了读图时代的一道亮丽景观。

（二）微视频时代

随着移动互联网和数字技术的发展，传统影视内容和视频内容的界限越来越模糊，大视频概念逐渐成为主流。"大视频"包含了两方面语义：一是视频已经成为媒体融合发展的重要战略和手段，二是指当下视频产业外延的扩展性和内涵的丰富性。新媒体的发展是媒体的物质形态随着技术的发展不断演变的结果，新媒体就是相对于传统媒体报纸、杂志、广播、电视而言的，指的是借助于新的数字技术、网络技术支撑，通过互联网、无线通信网、卫星等渠道，以及电脑、手机、数字电视机等终端，向用户提供信息和娱乐服务的媒体形态，如网络、数字电视、触摸媒体、手机网络等。

"新媒体时代"则是基于数字化媒体发展的传播语境下，人们既可以通过传统媒体比如电视报纸接收信息，也可以通过新媒体网络、微博、VLOG、抖音等主动寻找信息，从而构成了一个传统媒体与新媒体共存的新时代。

1.媒体融合视域下的纪实摄影业态变化

在新媒体时代，新闻纪实摄影在媒体融合的大潮中面临着多重洗礼。一方面，科技变革不断引发新闻摄影职业边界发生变化，图片与视频、直播等交互的工作方式在摄影记者的采访报道中已经成为常态；另一方面，受媒体体制机制改革、传播体系创新的影响，传统新闻生产方式被颠覆。新闻摄影虽然具有一图胜千言的优势，但在融合报道的传播浪潮中，却日益经受着职业边界模糊、主体边界模糊的挑战。

（1）科技变革催生新闻摄影职业边界的变化

进入 21 世纪，随着媒体融合进程的不断推进，信息传播中的视、听、图、文不再割裂。无论电视媒体还是报纸、网络，融媒体联动报道、全媒体生产报道已经成为当今媒体人的工作常态。摄影记者的职业边界也在调整变化中被不断改写着。

2009 年 10 月，英国《卫报》的摄影记者张丹用佳能 5DmarkII 拍了一段 3 分钟多的动态影像，展现了中华人民共和国成立 60 周年大阅兵的震撼场面和过程，这在当时的摄影界引起了广泛关注，并被称为"经典的流媒体作品"。

2011 年 1 月，《东方早报》组织摄影记者团队，采用传统图文报道、微博专题直播、视频报道和纪录片摄制的融合报道方式，全程跟拍一队从广东骑摩托车回家过年的农民工的故事，这也是国内业界较早的一次多媒体报道案例。

2012 年 12 月，《纽约时报》推出深度全媒体特别报道《雪崩：特纳尔溪事故》。通过现场视音频、3D 图片、访谈等融合报道形式，对发生在美国史蒂文斯·帕斯滑雪场的一场雪崩灾难进行了全方位、深度体验式的报道。其精心的策划、翔实的数据、精良的制作、沉浸式的阅读体验，引发业界的广泛探讨。2013 年 4 月，"雪崩"的多媒体报道赢得了普利策新闻奖。

2015 年 6 月，新华社组建国内首家新闻无人机编队，以满足多地形、多视角尤其是特殊环境、特殊现场的拍摄需要。在此后的一些重大新闻事件如"天津港爆炸""长江流域抗洪""杭州 G20 峰会"的报道中，无人机新闻摄影发挥了不可替代的重要作用。

2016 年以来，尤其在全国两会期间，新华社、人民日报、澎湃新闻等多家媒体普遍利用 VR 技术做 360° 全景式新闻摄影报道。这种强化互动性和深度体验感的报道方式，不仅创新了新闻摄影报道手段，突破了图片与视频的范畴，还打破了时空维度，在虚拟现场与时空重建中模糊了现实与超现实的界限，给观众带来了另一种身临其境的信息获取感受。技术虽非万能，却总能率先打破规则。技术发展的动态性也在不断催生新的职业规则和标准，令摄影记者的职业岗位不断处在转型发展的过程中。

科技的进步也令短视频和直播成为近年的热点。业界有人称"短视频是次世代的图文""视频时代正在取代读图时代"。作为一种新的信息载体，短视频的井喷式发展，也考验着媒体的资源整合能力、平台搭建能力和内容生产能力。如今，视频采编不仅成为一些媒体新闻报道形态的标配，也成为摄影记者的职业技能标配。

（2）形态创新促进新闻摄影主体边界的变化

回首摄影发展史，没有哪个时代像今天一样，摄影人在行业变革面前面临着如此多的无奈和挑战。"新媒体在重新定义摄影记者，新闻摄影的主体性在逐渐模糊"[①]。从艺术文化学的角度看，科技对艺术的影响一方面在于为艺术提供新的媒介和技术手段；另一方面又促使新的艺术门类与艺术形态的产生。而作为科技发展的产物，摄影艺术本身又具备极强的融合性与开放性，当无人机、VR 等新技术媒介在摄影报道中常态化应用，当传统的新闻摄影样式被置于新的技术平台，摄影的主体边界便呈现出更强的多元化表现特征。

以荷赛为例，作为由总部设在荷兰的世界新闻摄影基金会（World Press Photo Foundation）主办的国际性赛事，荷赛被普遍认为是国际专业新闻摄影比赛中最具权威性和影响力的赛事。每年评选出的获奖作品无论从题材的选择、摄影语言的运用还是技术处理，都能在一定程度上提醒、预示甚至影响着行业的发展。2016 年 10 月，荷赛组委会通过官网宣布将于 2017 年发起以"创意纪实摄影"为主题的新赛事。这是自 2011 年荷赛发起设立"多媒体比赛"项目以来，引起业界普遍反响的又一重大举措。其实参赛种类变化的背后，折射出的更是技术变革背景下行业的动态与走向。2017 年 10 月开始的荷赛"创意纪实摄影"新赛事，一改对参赛作品的严格新闻标准要求，突破了新闻纪实摄影传统话语形态的框架。按照荷赛官方消息："创意纪实摄影"的赛事项

---

① 杜江、马慧敏：《融合中坚守，中国新闻摄影观察报告》，《中国摄影报》2017 年 6 月 30 日。

目旨在给新型的纪实摄影创作形式以栖身之地。现有的荷赛赛事将继续保留其清晰的规则体系和伦理规范，但"创意纪实摄影"项目将不受传统的规则约束。此举在于鼓励摄影师创造性的发挥想象力，运用各类视觉叙事手段从事纪实摄影创作。

荷赛对于其参赛项目的调整和变化虽然不是革命性的行为，却引导和摈弃了长期以来新闻摄影固有的程式和人们对它的认知。作为一门独立的艺术形态，摄影艺术本体既要迎合科技的步伐，还要给自身价值留有空间；既要面对技术进步、媒介融合带来的影响和冲击，又要放开束缚，为探索新风格新面貌进行尝试和创新。纵观艺术发展史，未来总是属于那些率先突破自我、勇于革新的人。

首先，摄影从来不是纯粹意义的客观记录。所谓新闻纪实摄影的真实，实际上是摄影师现场观看的角度与其思想情感综合而成的价值判断。摄影的创作过程除了以客观现实为核心依托，摄影师还要为自身的思想意识和理性情感寻求适当而充分的表达方式，并在此理念的引导下，借助摄影技术和视知觉元素的综合运用来构建叙事结构，呈现视觉形象。摄影师要面对现实又不止步于现实。其次，摄影师对现场的认识、对信息处理的手法以及对新颖的视觉样式、创新手段的追求，也是形成摄影作品独特魅力的必要条件。从这个意义上来理解，荷赛发起设立的"创意纪实摄影"，其实更重要的意义在于鼓励摄影师在坚守新闻底线的前提下，勇于摆脱事件现场的束缚，拓展新闻呈现方式，创造性地从事新闻纪实摄影工作。

进入 21 世纪以来，科技进步对各个艺术门类都产生了深刻的影响。新技术在各个艺术领域得到广泛应用，文学、影视乃至绘画、摄影艺术，都面临着叙述方式、表达方式、传播方式的新挑战。艺术潮流的发展变化也影响并促进了摄影艺术的发展。在艺术潮流和技术潮流的双重裹挟下，融合行业组织、社会文化等方面错综复杂的力量，在潜移默化中推动了摄影主体边界的变化，进而推动了整个视觉文化在悄然间发生转变。对过去的时代纵然有万般不舍，对未来却充满了无尽的想象。

（3）融合创新引领包括新闻摄影在内的媒介生产协同化

随着媒体融合的深度推进，构建现代传播体系成为平面媒体、电视媒体、网络媒体等的必经之路，加快融合传播的力度和深度也成为各媒体集团的共识。在媒体生产链条上，从总编辑到各平台编辑、摄影师、后期编辑等不同岗位，都在顺应新的生产方式、制作方式、传播方式的改变。

作为世界媒体的知名品牌，CNN 一直致力于打造全媒体的立体传播体系。在 2013 年 4 月的"波士顿爆炸案"、2014 年的"马航失联"和 2016 年的"总统大选"事件报道中，充分发挥其在突发事件报道中的经验优势和全媒体传播优势，一方面在网络和电视平台上实时滚动新闻消息和动态追踪事件进展；另一方面通过社交平台和大数据技术，收集、整理各类图片和视音频资料，根据新闻点击率的变化和受众关注的细节变化及时调整报道方向和新闻数量。CNN 在媒体融合方面的战略与手段，也令其在国际传媒领域拥有无可争议的话语权。

《纽约时报》在媒体融合转型的过程中一直处于领先地位。在传统传播平台之外，《纽约时报》积极探索研究用户需求，利用社交媒体和大数据开发打造多样化的新闻传播平台和新闻产品。在虚拟现实技术、人工智能技术等新科技力量的使用方面，《纽约时报》也紧跟科技动态。继 2012 年推出深度全媒体报道《雪崩：特纳尔溪事故》之后，2015 年 11 月推出了一款名为 NYT VR 的虚拟现实 APP，免费为用户发放 Google Cardboard，引导用户体验其沉浸式的虚拟现实内容。[①]《纽约时报》此举在当时的虚拟技术应用方面居于行业领先地位。

在国内，从中央媒体到地方媒体都在积极采取措施，推动媒体融合的深入发展。以新华社为例，2016 年 2 月新华社推出"现场新闻"在线新闻生产

---

① 田智辉、张晓莉：《纽约时报的积极转型与创新融合》，《新闻与写作》2016 年第 6 期。

样式，推动记者编辑采编报道的全媒体化；2017年2月又启动"现场云"技术服务平台，向国内媒体开放共享成熟的"现场新闻"应用功能，为国内媒体提供融合发展新平台。

"国家相册"是新华社从2016年开始打造的纪录片形态的全媒体产品。依托中国照片档案馆，"国家相册"以老照片及其背后的故事为基本载体，集图片、视频、主持人讲述等多种形态于一体，产品样式厚重大气，制作精良，成为近年新华社融合创新的精品力作。在2017年的"建军节大阅兵"报道中，新华社推出了一系列组合报道产品：以新闻图片为报道主体的《晨光，初照阅兵场》，画面震撼，一图胜千言；集视音频、图片等融合报道的《主席同志，请您检阅》，内容上纵横交叉、延展细化，数据信息的更新及时翔实；微视频报道《沙场点兵》，画面、音响大气磅礴，体现了大片的既视感，也体现了编辑记者队伍既可单兵作战，又可协同作战的全媒体采编能力。

2.媒体融合视域下的纪录片业态变化

在新媒体时代，通过传统媒介传播的纪录片一度出现困局。其主要表现为纪录片在院线以及电视台的播映量十分有限，信息传播也仅仅是单向传达信息，简单地播出行为。传播更多体现在宣传功能层面，缺乏传播意识，观众少有参与互动，观众与观众之间的信息交流也缺少渠道建设等。而新媒体则凭借自身优势，打破了传统传播的困局，为纪录片的传播发展提供了一个全新的空间，逐渐形成了一个新媒体时代纪录片进行立体化全方位的新的传播格局。

很长一段时间以来，我国纪录电影的传播与电影故事片相比较一直都不尽如人意，能够进入院线的数量非常有限。作为我国电影播映主要渠道之一的影院，纪录片类型的影片一直不被市场看好，这也意味着我国纪录片的市场化程度并没有实现与故事片的同步发展，缺乏票房感召力也令纪录片在影院播映中缺乏应有的一席之地。2009年以来，中国电影产业飞速发展，票房量也逐年大幅递增，如2009年为62亿元、2010年突破百亿、2011年上升到

131亿元、2012年超过170多亿元。这期间，纪录片电影却几乎没有太大改变，总体产量和票房量都很不稳定，相比我国整体电影产业而言表现出严重的滞后。

（1）网络众筹

近年来，越来越多的纪录电影通过众筹的方式寻求制作播映，2015年6月上映的《我的诗篇》是中国第一部借助互联网由大众合力完成的纪录电影。2015年1月，在拍摄完成预告片后，《我的诗篇》通过京东网发起众筹，并向爱奇艺出售独家网络版权，共募集到资金40余万元。2015年2月"我的诗篇——工人诗歌云端朗诵会"在北京皮村举行，该活动通过互联网进行了全程视频直播。数十家媒体参与报道，成功地完成了一次网络接力赛，将接力棒传到投资商手里。一个月后，陆陆续续开始有数家公司找到《我的诗篇》剧组商谈合作事宜，最终剧组与一家做贵金属交易的公司达成合作。虽然最终票房并不高，但是在这部纪录电影的项目运作方面实现了诸多创新，引发了广泛的社会关注和舆论反响。

（2）作品预售或预买

早在20世纪末，作品预售或预买的方式就普遍存在广播电视机构和网络视频网站。主要是通过制作人提出纪录片选题和创作计划，并将计划方案提交给广播电视机构寻求资金扶持，如果选题通过，双方会进一步洽谈并达成立项；还有一种方式是电视媒体、视频网站对某一选题比较感兴趣，主动找制作人洽谈合作计划并立项。电视台或视频网站会将出售成片的钱预付给创作者，版权方面通常由双方协商决定，要么双方共享版权，要么买断版权或者创作方独家拥有版权。

中国独立纪录片制作人早在20世纪90年代就尝试作品预售或预买的方式。段锦川、蒋樾、康健宁、李红等独立制片人都曾通过预售的方式实现了与国外电视台的合作。1997年一家英国代理公司将李红的《回到凤凰桥》推荐给英国的BBC广播公司，他们看过以后觉得片子不错，但如果要在BBC

播出就要作出修改，于是派了一个英国编辑帮助李红一起来做调整。段锦川和蒋樾也很早就开始策划国际合作计划。1999 年夏天，包括英国 BBC、法德合办的 ARTE、加拿大的 CBC 等广播公司来人与他们一起开了研讨会。最后双方通过研讨会交流并确定了合作项目和计划，参与项目的共有六家广播公司：最大的是 BBC，其次是 ARTE 以及北欧的四个国家（丹麦、瑞典、芬兰和挪威）的国有广播公司。这六家公司拥有成片在中国以外地区的优先播出权。根据出资比例，最具优先播出权的是英国 BBC，因为它占的资金比例最大。这个叫作《有意思的年代》(*Interesting Times*) 的项目包括段锦川拍摄的关于东北某村庄基层民选的《拎起大舌头》，蒋樾记录郑州铁路局两名职工生活的《幸福生活》，康健宁记录新兵生活的《当兵》，以及李红记录在公共场所跳舞群众的《和自己跳舞》。在投资上，每个片子折合人民币四五十万元左右，这个合作计划最重要的是作者拥有版权。当这些作品完成后，于 2002 年起在上述几个国家先后播出。后来作品经过修改，也在中央电视台播出了。

（3）新媒体营销

网络视频和移动媒体的快速发展，给独立纪录片的传播提供了更多的平台和途径。新媒体环境也激发了纪录片的全媒体互动传播，2011 年由贾樟柯监制并与 6 位年轻导演合作拍摄的 12 部网络短纪录片《语路》，2013 年曹郁和程工联合执导的纪录片《城市微旅行》，都是在互联网传播并取得良好口碑的作品。2013 年陕西李斌的独立纪录片《针灸》通过优酷播出后，在网友中引发深切共鸣，影片扎实的拍摄技法使作品在收获网络用户点击率的同时，也赢得了专业人士的一致肯定。影片因其兼具纪录片艺术高水准与网络票选最高得票数，获得了 2014 年第三届凤凰视频纪录片大奖"最具人气奖"。

2015 年的纪录电影《喜马拉雅天梯》和《我的诗篇》，也是通过对新媒体营销手段的尝试，实现了发行上映和票房收入的基本保证，这两部电影也是纪录电影中较早尝试"互联网+"营销手段的受惠者。《喜马拉雅天梯》讲述了一群西藏登山学校的藏族年轻人，经历培训之后成为高山向导，最终登上喜马拉雅山顶峰的故事。2013年9月底，影片开始正式拍摄，2014年初《喜马拉雅天梯》的官方微博开通，同步更新摄制组的拍摄过程，向微博用户分享拍摄心得，对电影进行宣传和预热，影片于2015年10月上映。电影上映后，《喜马拉雅天梯》的官方微博大量转发观众的观影心得和各种留言，还将电影明星陈坤谈《喜马拉雅天梯》的采访视频同步分享了微博上，借助"明星代言"和"良好口碑"刺激观众的收看欲望。最终，《喜马拉雅天梯》票房突破千万元，而这一佳绩的背后推手是2014年5月才成立的北京微影时代科技有限公司。作为《喜马拉雅天梯》的联合发行方，通过其微票儿平台优势，为影片专门开通了购票直通车，扫码即可优惠购票，既方便了观众购票，也给观影观众带来了全新的购票体验。与此同时，微影时代公司还协助电影制片方在全国开展了《喜马拉雅天梯》巡回见面会，同时邀请了参与见面会城市的专业人士和意见领袖共同观影，为影片酝酿口碑。通过口碑的发酵传播，使得影片在排片占比极低的情况下，凭借超高口碑保持着较高的上座率。而《我的诗篇》则是利用互联网的巨大覆盖面，通过线下活动线上传播引发网民关注，同时制造热点话题为影片上映积攒社会关注度。

　　新媒体营销的另一种方式是通过社交平台发声或者转发，这方面最经典的案例就是2017年8月14日进入院线上映的《二十二》。这是一部记录在日军侵华战争中，中国幸存的"二十二位慰安妇"群体故事的纪录片，也是中国首部获得公映许可的"慰安妇纪录片"。明星张歆艺参与了这部影片的资金扶持，影片上映前一天，张歆艺通过微博给冯小刚导演发了一封信，希望冯小刚在微博上予以转发，利用自身影响力支持这部特殊题材的纪录影片。冯小刚通过微博转发后，吴京、濮存昕、吴刚、管虎、何炅等也纷纷转发。明星效应很快在互联网上发酵，由于这些大V明星的粉丝覆盖了不同的受众群，他们的集体发力促成了纪录电影《二十二》的全网热度。截至2017年8月18日上午11：39，这条微博共获得有效转发115882次，评论数21700条，点赞数194839，覆盖人次高达8.16亿。这是目前为止关于《二十二》影响力最大、传播效果最好、互动量最多的一次明星微博效应，无疑在《二十二》从小众话题变为大众热点的过程中发挥了关键性作用。截至 2017 年 9 月 3 日，《二十二》的票房收入实现 1.68 亿元，成为中国电影市场首部票房破亿的纪录片。

随着纪录片产业的发展和网络视频产业的兴起，以工作室为制作主体的民间制作队伍呈现爆发式增长的趋势，这些创作队伍对于独立纪录片的发展起到了积极的促进作用，同时也激活了更多的民间资本参与纪录片市场。

媒体融合促进了各种媒介在内容生产和传播方式方面的协同化，就像新石器时代取代旧石器时代，工业革命时代取代手工劳动时代一样，智能互联的新工业革命时代已经影响并颠覆了传统的媒体生态。媒体融合就像一个生命的有机体，因时代需求而生，伴时代发展而歌。对摄影人来说，既要跟上时代步伐，又要勇于接受时代大潮的洗礼。新闻摄影的未来无论是洗心革面，还是浴火重生，除了新闻原则和底线不可以改变，一切都会在改变中前行。

三、全媒体平台的主导

（一）由单一的以图片信息为主要传播载体转变为以视听图文的综合传播的发展态势

网络环境中的媒介融合不仅是媒介组织机构、技术、信息资源等方面的融合，更包括了媒介传播方式的融合。进入 21 世纪以来，随着媒体融合进程的不断推进，信息传播中的视、听、图、文不再割裂。无论电视媒体还是报纸、网络，融媒体联动报道、全媒体生产报道已经成为当今媒体人的工作常态。在多种媒介整合的全媒体时代，作为静态影像的纪实摄影必然会选择与其他视觉元素相结合，不断丰富其自身内涵，提升纪实摄影信息传播的丰富性和准确度。在传统的报刊传播时代，纪实摄影的传播主体就是图片或图片＋文字，这种情形下摄影作品自身魅力主要凭借的是瞬间影像的感染力和所承载的信息，而瞬间影像的能力又取决于摄影师的思想情感和文化艺术观念。在移动互联时代，纪实摄影的信息传播不仅仅依赖于瞬间影像的感染力和所承载的信息，更要依托新的传播语境下不同媒介载体所发挥的作用，当然也包括图片编辑的作用。媒介融合的特征之一就是信息传达的融媒体化和多媒介化。以纪实影像为传播核心，并辅助以文字、动画、声音以及视频等多种媒介形式融合交互传播现已成为常态。保罗·莱文森在《新新媒介》中详细描绘了"新新媒介"时代的景象，他认为："视频、照片、音乐、口语词和书面词都是这个未来世界的构件。"

此外，以《人民日报》的"中央厨房"和央视"央视新闻移动网"为代表的融媒体传播平台，都在推动媒体融合发展迈上一个全新的台阶。受其带动，省市各级媒体"中央厨房"建设、移动视频 APP 建设的声音此起彼伏。

（二）以提升受众参与度和传播平台多样化为发展态势

在传统的传播格局中，传播主体是指信息传播活动的发起机构或发出者。在媒介融合背景下，作为信息传播格局的源头，各类网络媒体机构及手机媒体等传播媒介本身即为宏观视角上的传播主体。而从微观视角上来看，网络环境下纪实摄影的传播主体则可细分为专业摄影记者、自由摄影、及普通受众。科技的进步令摄影技术越来越简单化，拍摄器材越来越普及化，这为普通大众从事摄影活动提供了便利的硬件条件。此外，移动互联的发展令信息传播与分享越来越简单便捷。互联网的准入门槛低，商业网站、自媒体等为个人传播纪实图片提供了大众化、低成本的传播平台。以摄影爱好者为主体的独立摄影家群体大量出现，其摄影作品的社会影响力也在不断增强。

摄影爱好者既是内容的生产者也是传播者。除了以互联网为中心的网络传播不断发展，传播者和受众作为网络传播中的重要组成部分两者间的角色并非固定不变。社会参与论认为，时代在发展，受众在变化，许多人已不满足消极地当一名接受者，他们在作为一名讯息接收者的同时，又是讯息的传播者。让受众参与传播，正是为了让他们积极接受传播，因为人们对于他们亲身参与积极形成的观点，要比他们被动地从别人那里得到的观点容易接受得多。网络的交互性和资源共享特点为提升受众参与度提供了便利性，受众对于纪实图片来说不再只是局外的欣赏者，而是变成了附加内容的创造者和图片的二次传播者。交互性实现了受众之间、受众与作者之间的对话和交流，完善图片附加信息。在去中心化、多节点网络传播结构中，分享功能使图片突破单一的传播渠道，实现网状辐射传播，受众个人充当二次传播者，大大扩展了图片的传播范围，原本意义上的受众也在网络环境中成为传播主体。

纪实摄影的网络传播所引发的受众参与行为主要体现在"评论""推荐""转发"或"延伸阅读更多相关纪实影像作品"等方式。这些都体现了受众符合网络环境中纪实摄影传播主体的身份，在摆脱被动接收信息的同时能够把握住在纪实摄影传播过程中的主动权。比如腾讯网《活着》栏目利用网络受众身份转变的特点，在栏目页面设置了相关链接，受众可以通过微博、微信等社交平台进行纪实图片信息的分享，借助信息的发布、观点的表达获得转发量和评论量来引发更多网友的关注，在与他人情感交流的过程中加强了人际传播影响。借助网络的快速传播，信息传递与获取的便捷，通过受众在自媒体平台转发、评论等功能进行传播以及网络中的其他媒体所传播信息的充分分享，进一步扩大了纪实摄影的传播面。随着传统主流媒体、网络媒体、社会大众对于事件发生原因及后续发展的持续关注，纪实摄影所反映的问题能形成一定范围的公众舆论，为社会问题的解决提供了可能。

目前，以网络为代表的新媒体已经成为我国用户最信任的信息来源之一，它对主流价值观的影响力甚至超过了电视和报纸等主流的传统大众媒体。新媒体影像以新媒体为传播平台填补了观众碎片化的时间，满足了人们追求精神自由和互相交流的情感诉求，在弘扬主流价值观，传递积极正能量方面的作用也越来越明显。

不管是以纪实摄影为代表的新媒体影像还是传统媒体节目，都应该担负着媒体应有的社会责任。在最基本的责任面前，任何媒体都是平等的，"媒体"

这一共同的称呼将新媒体与传统媒体紧紧联系在一起。媒体的姿态是社会的良知，媒体是连接社会与大众的纽带。在这个新媒体发展突飞猛进的年代，传播者与受众角色灵活转换，人人都是传播源，人人都应该担负起自己的那份社会责任。因此，传统纪实摄影和新媒体影像应当将社会责任放在重要的位置，这是新媒体时代纪实影像的社会价值所在。

四、大视频时代与微视频平台

根据 CNNIC《2016 年第 39 次中国互联网络发展状况统计报告》的数据，截至 2016 年 12 月，中国网络视频用户规模达 5.45 亿，较 2015 年底增加 4064 万人；其中，手机视频用户规模接近 5 亿，增长率为 23.4%。业界有人士称"微视频是次世代的图文""视频时代正在取代读图时代"。新的视听节目业态也在不断涌现，从传统的广播电视到网络视频再到互联网电视、移动视频、IPTV、视频通讯等，受众已经从单向传输内容的接受者变成了多维度互动的参与者、体验者、传播者。从一定意义上说，当下的互联网时代也可以称之为大视频时代，而微视频就是作为大视频时代一种新的信息载体而得以迅速发展的。

微视频的井喷式发展，也考验了媒体的资源整合能力、平台研发搭建能力和内容生产能力。2017 年底，中央电视台纪录频道在广州举办首届"V9·微视频提案大会"，第一次推出"微 9 视频"概念，开设"微纪录 短视频"栏目，寻找并扶持有创造能力的微视频团队和对微视频创作富有激情的年轻人，接纳有互联网特质的微视频内容，创作有思想、有趣味、有价值的作品。"微 9 视频"作品要求在 5 分钟内，既要有互联网基因，又能够深挖主题，寻找选题中的潜在价值，从而打造"微 9 视频"这一全新的微纪录片平台。而在此之前，早在 2002 年 4 月，中央电视台依托其品牌栏目《东方时空》"真诚·沟通"的理念，创办了以《真诚·沟通》为命名的最短的电视微视频栏目。每期节目时长 90 秒，栏目注重对具有普遍社会意义个案的选取，通过对个案人物形象的简单勾勒和呈现，用大数据增强说服力，用哲理性的结尾提升节目主题和立意，追求情绪的典型性和社会共鸣性。

与传统电视媒体相呼应的是，各类新媒体与微视频平台也如雨后春笋般的兴起。优酷、爱奇艺、B 站等新媒体视频网站的出现为视频业态的传播提供了平台，新媒体的发展也带动了传统媒体与视频网站互相借力、相容并生。无论传统媒体还是新媒体，都把发展视频业务作为工作重点。从《新京报》的"我们视频"、澎湃新闻的"梨视频"，到今日头条的"西瓜视频"，微视频也成为新闻传播的潮流，微视频采编不仅成为新闻报道形态的标配，也已经成为全媒体平台记者的职业技能标配。

媒体融合促进了包括摄影、电视、电影在内的各艺术传播媒介在内容生产和传播方式方面的协同化。每一种媒介都在凭借自身不可替代的生存逻辑生存发展着，同时也努力和其他媒介共融共生，相互借力借势。一种以电视为龙头、以新兴视频媒体为补充的新的媒体传播格局正在形成。就像新石器时代取代旧石器时代，工业革命时代取代手工劳动时代一样，智能互联的新工业革命时代已经影响并颠覆了传统的媒体生态。媒体融合就像一个生命的有机体，因时代需求而生，伴时代发展而歌。

第三节　微传播与微视频

匈牙利电影理论家巴拉兹·贝拉在他的《电影美学》一书中曾预言："随着电影的出现，一种新的视觉文化将取代印刷文化。"他认为，电影摄影机不仅记录现实，而且还能传播人的思想。当观众在观看电影时，不仅仅是通过视觉形象来认识感受故事，更能够令人类体验情感和思想。加拿大的传播学理论家马歇尔·麦克卢汉在他的《理解媒介》一书中认为："媒介即讯息。

传播技术形式会对空间、时间以及人类感知等方面引起深刻变化。而大众媒介对时空的重新构建必然对生存于期间的个体以及整个人类社会产生重大影响。"他探讨了传播媒介由口头传播到文字传播再到电子媒介传播的转变，并预言了电子媒介时代的到来。

　　纵观人类文明史，从口头传播时代到纸质媒介时代到电子时代，再到互联网时代，人类社会文明的每一次跨越，都离不开技术革命和新兴传播媒介的革新，而每一次技术革命和媒介更新，都会为人类带来新的机遇和挑战。2014年9月14日，中国互联网协会发布了《致中国6亿网民的公开信》，宣布中国互联网正式进入Web 2.0时代。在中国，上至百岁老人，下至幼儿园的孩童，不同年龄、不同阶层、不同地域的人们，构成了世界上最大的网民规模群体。他们以各种形式参与互联网内容的生产与传播中，也通过微博、微信为代表的"微"型社交媒体进行信息与情感的交流。而微博、微信这种以"微+"为名号的传播介质逐渐形成了互联网时代的一种潮流和风尚，不仅改变了人们的生活方式、情感表达方式，甚至改变了人们的思维方式。一时间，各类"微电影""微纪录片""微小说""VLOG"纷纷兴起，构成了当下一个重要的"微传播"现象。从早期互联网的文字时代到"文字＋图片"的图文时代，再到今天的微视频时代，信息的视频化传播是不可逆的。"微视频"概念就是在这样的时代背景下应运而生。

　　微传播是伴随新媒介的发展而逐渐形成的一种媒介现象。在传统的媒体格局中，电影、广播电视的生产播放有着极高的门槛和严格的技术限制。而新互联网时代的到来打破了这种大一统的传播格局，以往单向性的传播转变为交互性传播。传播特性的变化也极大的引发了受众的个性化需求，分众化传播、个性化传播成为必然。随着移动通信技术的迅猛发展，手机的角色定位也从单一的通讯工具转变为多媒体传播平台，被称为是继报纸、广播、电视、电脑之后的"第五媒体"。手机媒体打破了时间、地域和使用场景的限制，其便携性、即时性、互动性、隐私性的显著特征，使得人们可以随时随地接收并分享文字、图片和音视频信息，成为互动传播需求下的新型大众文化传播媒介。同时，上述手机自身的技术特征也决定了在手机上进行传播的内容形态体量特征，在仅有几寸的手机屏幕上，长时间观看和阅读的体验，肯定比不上篇幅微、时长微、体量微的内容阅读体验舒适。再者，手机媒体因其便携性、即时性的特征，可以随时随地满足人们对空闲时间的填充利用，而空闲时间的碎片化特征也催生了人们碎片化的阅读习惯，从而也决定了手机媒体的微传播特征。

在以手机媒体为主导的微传播时代，社会信息的传播方式、人们的思想观念、行为方式甚至身份特征都会发生相应变化。人人都是手机媒体的使用者，也都是自媒体的传播者。于是，热爱电影的人可以成为微电影的制作者和传播者，热爱纪录片的人可以成为微纪录片的制作者和传播者。人们还可以随时随地用微视频记录新闻事件，传递新闻消息。微视频既可以成为微传播语境下的一种大众传播媒介，也可以成为新互联网时代一种碎片化的个人表达。微传播与微视频的这种"微"现象也意味着一种新的文化审美时代的到来。

第二章

微视频技术与应用

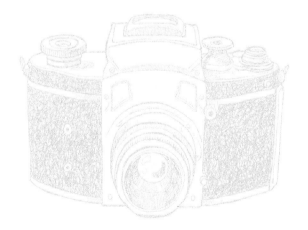

受科技发展和摄影器材不断更新换代的影响，单反相机的视频拍摄功能成为越来越热门的功能之一。早在 2010 年，随着以佳能 5DII 为主拍摄的微电影《老男孩》在网络热播，中高端单反相机的视频拍摄功能逐渐被专业人士所接受，许多影视导演都在尝试应用相机的视频功能拍摄影视作品。近几年，应用手机视频功能拍摄的微电影也有很多，比如陈可辛导演曾在 2018 年用 iPhone X 拍摄了一部引人关注的微电影《三分钟》。与传统摄像器材相比较，单反相机、手机等新兴拍摄工具不仅机身相对小巧、便携，而且操作简单，容易上手，拍摄起来也更加灵活。

随着拍电影的门槛越来越低，用单反相机拍摄的很多影片还可以进院线，登上影院的大屏幕发行播映，2012 年 2 月全美上映的电影《Act of Valor》，全片超过一半多的镜头是由佳能 5d2 和 7d 拍摄完成的。近两年红遍大江南北的纪录片《舌尖上的中国》，也有很大部分镜头是由相机的视频功能拍摄完成的。

用单反相机拍摄视频还有许多优势。首先是单反相机的大传感器在成像方面占有优势，专业级别的单反相机搭配专业镜头，光圈可以达到 F1.2，不仅可以轻松获得顶级的画质，还能拥有与电影胶片质感相近的浅景深影像效果。另外，单反相机厂商大都配有强大的镜头群，创作者可以根据创作需要选取相应焦段的镜头组合进行拍摄。

用单反相机拍摄的另一个优势就是拍摄素材的传输更加方便快捷。在拍摄现场，创作者可以将拍摄完成的影像素材及时传输到电脑上，甚至可以直接通过电脑对拍摄素材进行初级的编辑处理。

与摄像机相比较，数码单反相机在视频拍摄录制方面也有明显的不足之处。由于存储原理和成像原理的差异，数码单反相机的视频拍摄功能设计不同于摄像机，不适宜长时间不间断的视频拍摄，一般持续时长大概在三五十分钟左右。如果长时间持续拍摄，容易导致相机机身过热、噪点增多等问题。

第一节　拍摄工具的选择与应用

一、认识相机的视频功能

大多数专业数码单反相机都附带视频录制功能，有的通过照相机和摄像机标识按钮进行切换，有的通过曝光模式转轮进行切换。

目前市场上具有视频拍摄功能的数码单反相机很多，根据设计特点、结构和工作原理的不同大概可划分为数码单反相机、微单相机、DC 卡片机。数码单反相机多以 CCD 或者 CMOS 为感光元器件，根据感光元器件的尺寸大小又可分为大画幅、中画幅、全画幅、半幅型相机。大画幅、中画幅等相机在影视创作中应用的相对较少，尤其在微视频创作领域，比较常用的还是以数码单反相机、微单相机、手机为主。

二、拍摄工具的类型

1. 数码单反相机

数码单反相机（Digital Single Lens Reflex Camera，常简称为 DSLR），是一种通过数码方式记录成像的照相机，数码单反相机的一个很大特点就是可以根据拍摄的需要更换不同焦段的镜头。目前市场中常见的数码单反相机机型有佳能、尼康、索尼、松下、富士等。与微单相机相比较，数码单反相机一般体积更大，重量更沉，但拍摄性能通常也更高。

数码单反相机可以根据拍摄需求更换不同的镜头，比如佳能、尼康、索尼等相机厂商以及适马、腾龙等镜头配件厂商都拥有品种齐全、体系庞大的镜头群，这为微视频创作提供了极大的便利。创作者可以根据资金状况和拍摄需求，在实际拍摄过程中自由选择和搭配镜头。

另外，数码单反相机大多定位于数码相机的中高端产品，因此在影响数码相机成像质量的感光元件（CCD 或 CMOS）的面积设置上，数码单反的面积远远大于普通数码相机，这使得数码单反相机的每个像素点的感光面积也远远大于普通数码相机，因此数码单反相机的摄影质量明显高于普通数码相机（见图 2-1）。

图 2-1　佳能 5D 系列数码相机

2. 数码微单相机

微单包含两层语义：微，是指相机的样貌微型小巧；单，是指可更换式的单镜头相机。"微单"一词涵盖了数码微单相机，微型小巧且具有单反性能的特征。微单相机在外观样貌上介于专业数码单反相机和卡片式数码相机之间，普通的卡片数码相机虽然更加小巧时尚，但光圈和镜头尺寸的设置往往受到技术局限而影响成像质量和影像品质；专业单反数码相机又在体积和重量上显得过于笨重。因此，"微单"相机的优势就显得尤为显著。"在专业机中最时尚，在时尚机中最专业"成为"微单相机"区别于数码单反相机及卡片数码相机的潜台词。"微单相机"采用与单反相机相同规格的传感器，取消单反相机上的光学取景器构成元件，没有了棱镜与反光镜结构，大大缩小了镜头卡口到感光元件的距离，因此，既能保证与单反相机相同的影像品质，也可以获得比单反相机更小巧的机身。

数码微单相机是微型单镜头无反光镜电子取景相机的简称，包括索尼 a7 系列、NEX 系列，松下 GF 系列、奥林巴斯 EP 系列等，奥林巴斯、松下新款微单都采用高检测频率反差式对焦功能。近两年，随着科技的发展，数码微单相机的对焦速度已经能够达到甚至超过单反，填补了以往微单相机对焦慢的弱点。另外在高感画质、自动对焦速度以及快门时间等性能方面，数码微单相机与数码单反相机之间的差距也越来越小。再加上微单相机体积小、重量轻、操作方便、便于携带等优势，性价比越来越高，在视频创作领域也越来越受到欢迎。如图 2-2 索尼 a7 系列微单相机。

图 2-2　索尼 a7 系列微单相机

3. 卡片相机

卡片相机在业界并没有非常明确的概念，衡量此类数码相机的主要标准通常指其拥有小巧的外形、较轻的机身以及超薄时尚的设计，比如松下 LX 系列、索尼 T 系列、奥林巴斯 AZ1 和卡西欧 Z 系列，等等。

卡片相机的优缺点都很明显，优点主要是机身外观时尚、小巧纤薄、操作简便、便于携带；缺点主要是手动操控功能相对薄弱、液晶显示屏耗电量大、镜头性能较差等。

　　虽然卡片相机的功能并不强大，但最基本的曝光补偿功能仍是超薄数码相机的标配，再加上卡片相机大都拥有区域或者点测光模式，有些新型的卡片机甚至附带 4K 视频录制功能，在视频创作领域通常也可以发挥作用。

　　近几年，手机拍摄功能越来越强大，很多品牌的手机都可以轻松从容的在各类微视频的拍摄创作中发挥作用。从行业发展和实际应用层面看，卡片相机大有被手机取代的趋势。而从普遍性、灵活性、易扩展性、性价比等综合方面考量，在微视频创作领域，数码单反相机和部分微单相机几乎可以应对所有的题材，所以在微视频创作方面，拍摄器材的选择还是以数码单反相机和微单相机为主。

第二节　镜头的选择与应用

　　镜头的质量好坏直接影响相机的成像效果。相机机身的功能和指标要依赖光学镜头来完成。按快门时，镜头的光线（影像）投到相机的感光部件（CCD 或 CMOS）上，并完成成像。在专业镜头领域，按照镜头的产地来划分，主要以日系镜头（佳能、尼康、松下、索尼）和德系镜头（蔡司、徕卡、施奈德）为主，日系镜头的主要特点是色彩的还原性比较好，而德系镜头的主要特点是成像层次比较强；根据焦距数值的可变性以及焦段，可以划分为定焦镜头和变焦镜头；根据焦距数值大小、视野范围可分为广角镜头、标准镜头、长焦镜头等。

　　另外，各大品牌厂商的镜头卡口也是多种多样的，镜头卡口是常见 135 镜头卡口的技术参数，比如佳能的 EF、EF-S 卡口，尼康的 F 卡口，索尼的 A、E 卡口等。有些品牌的相机和镜头可以通过转接环等方式对接，但会在成像质量、应用便捷性方面带来诸多不便。即使是同一品牌的镜头，也会因为相机画幅不同或者镜头本身光圈设置的差异而在使用方面有所不同。

一、镜头的基本规格特性

镜头最重要的技术指标是焦距与光圈，数码单反、微单相机的镜头都是可更换的，焦距标注沿用传统的 35mm 胶片相机标准。

标准镜头简称标头，是指焦距长度和所拍摄画幅对角线长度大致相等的镜头。对于 135 相机而言，标准镜头的焦距通常在 40~60mm，其视角一般在 45°~50° 左右。标准镜头的成像特点接近人眼的正常视角范围，景物的透视也与人眼的视觉比较接近。因此，使用标准镜头拍摄的影像最接近人眼直接观察的效果，拍摄的画面信息也最真实、平和、自然。

广角镜头的焦距长度短于标准镜头，视野也大于标准镜头，画面的透视感较强。常见的广角镜头焦距在 16~35mm 左右。由于广角镜头的视野更宽广，因此可以在画面中容纳并呈现出更多的信息元素，同时，广角镜头强烈的透视感可以对画面起到夸张和突出的作用，给人以新奇的视觉感受。

长焦镜头的焦距长度大于标准镜头，其特点是视野小、景深浅。在影像创作过程中，可以利用长焦镜头的压缩透视效果改变前景与背景的透视关系，同时长焦镜头浅景深的特点有利于突出主体。但是也因此需要特别注意对焦点控制的准确度，另外长焦镜头个头大，比较重，在拍摄运动镜头的时候需要格外注意防抖，以保证画面的平衡与稳定。

鱼眼镜头是一种焦距为 16mm 或更短的并且视角接近或等于 180° 的镜头，它是一种极端的广角镜头。为使镜头达到最大的摄影视角，鱼眼镜头的前镜片直径很短且向镜头前部凸出，与鱼的眼睛颇为相似，因此通常被称为鱼眼镜头。鱼眼镜头属于超广角镜头中的一种特殊类型，它所拍摄的画面与人眼中的真实景象存在很大的差别，用鱼眼镜头所摄的影像，变形相当厉害，透视汇聚感强烈，画面充满夸张感和创造性。

二、变焦镜头与定焦镜头

变焦镜头就是焦距可变、焦段灵活、可以推拉的镜头，使用方便。变焦镜头有两个环：对焦环（控制清晰度）和变焦环（控制视角，即推拉）。

定焦镜头就是焦距不能改变，只有一个焦段的镜头，定焦镜头只有一个固定焦距，且只有对焦环（用来控制清晰度的）。定焦镜头成像品质高，而且重量轻，便于携带。常见的定焦镜头有 35mm、50mm、85mm 等，常见的变焦镜头有 18~135mm、24~70mm、24~105mm、70~200m、100~400mm 等。

焦距

焦距是指光线透过镜片后，所汇聚的焦点到镜片（镜头的光学中心）之间的距离，也是指从镜片中心到底片或 CCD 等成像平面的距离。焦距是镜头重要的参数之一，不仅决定着拍摄的视角大小，同时还是影响景深、画面透视以及物体成像尺寸的重要因素。

根据焦距数值是否可变来分类，镜头可以分定焦镜头和变焦镜头，根据焦距数值大小长短和视野范围可分为鱼眼镜头、广角镜头、标准镜头、微距镜头、长焦镜头、超长焦镜头等。

广角镜头一般指焦距数值低于 35~28mm 的镜头，低于 24 的一般称为超广角镜头。广角镜头视角广，纵深感强，景物会有变形，比较适合拍摄较大场景，如建筑、集会、大场面等。

中焦镜头一般指焦距数值在 36~134mm 的镜头。中焦镜头比较接近人正常的视角和透视感，景物变形小，适合拍摄人像、风光等。合影时通常也用中焦距以上的镜头拍。

长焦镜头一般指焦距数值高于 135mm 以上的镜头，也叫远摄镜头。大于 300mm 以上的为超长焦镜头。长焦镜头的特点是视角小，景深短，透视感弱，景物变形小，手握稳定性弱，适合拍摄无法接近的事物，如野生动物、舞台等，长焦镜头也有虚化背景的作用，有不少摄影师喜欢用长焦拍摄人像。

最大光圈

最大光圈表示镜头通过光线的最大能力，也是镜头的重要性能指标。定焦镜头只有一个光圈，光圈值采用单一数值表示。根据焦距不同，定焦镜头的最大光圈一般在 f1.2~f2.8 之间。变焦镜头中，恒定光圈 f2.8 的属于专业级别的高档镜头，而浮动光圈 f3.5~f5.6 类型的多为普及性镜头。

光圈

光圈是镜头的一个极其重要的指标参数，是指相机上装在镜头透镜组之间用来控制镜头孔径开放大小，进而影响透光量的装置。简单说，光圈是镜头内可调节大小的进光孔，也可以理解为小孔成像原理当中的孔洞。光圈的主要作用是调节和控制镜头的透光量（曝光值），光圈数值大小通常可以用光圈系数 f 值表示。f 数值越大，光圈越小，进光度越小；f 数值越小，光圈越大，进光度越大。光圈对成像质量影响很大，每款镜头都有一档光圈的成像质量是最好的，即"最佳光圈"。

光圈还可以通过控制景深来控制影像的虚实。光圈与景深成反比，光圈越大，景深越小；光圈越小，景深越大。以佳能、尼康、索尼为例，在 M 档下，光圈的控制大概分为以下几种：一般有速控转盘的机身，直接调节速控盘控制光圈大小，主拨盘调节快门速度；无速控转盘的机身，通过按住曝光补偿按钮，同时转动主拨盘调节光圈大小，主拨盘调节快门速度。索尼无速转控盘的微单，通过选定光圈或快门，用方向键调节光圈大小和快门速度；其他品牌机型，光圈的调节方式可以结合说明书做详细了解。

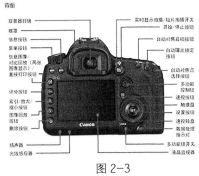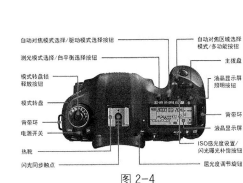

图 2-3　　　　　　　　　　图 2-4

　　光圈大小用 f 值表示，光圈 f 值越小，通光孔径越大，在同一时间内的进光量便越多。简单地说，在 ISO 感光度和快门速度不变的情况下，f 值越小，光圈越大，进光量越多。完整的光圈值系列为：f1.0、f1.4、f2.0、f2.8、f4.0、f5.6、f8.0、f11、f16、f22、f32、f44、f64。这组数值被称为正级数光圈，在其他条件不变的情况下，上一级的进光量刚好是下一级进光量的两倍，进光量多了一倍，也就是说光圈开大了一级。

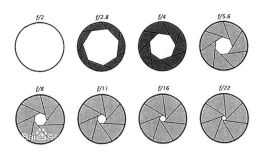

图 2-5

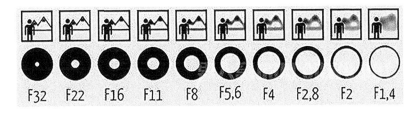

图 2-6

景深

通俗地讲，在影像拍摄时，聚焦完成后，焦点前后范围内所呈现的清晰图像，这一前一后的距离范围就是景深。景深以深浅或大小来衡量，清晰景物的范围较大，就是指景深比较深，比较大，远处和近处的景物都很清晰；清晰景物的范围小，就是指景深比较浅，比较小，只有焦点周围的景物是清晰的。大光圈、浅景深也是影像创作中常见的突出主体的手段。

景深主要受光圈、焦距和拍摄距离的影响，它们之间的关系大体如下：通过调节光圈控制景深的大小，光圈越大，近处的进光量所占比重越大，背景虚化越强烈；光圈越小，拍摄对象进光量分布越均匀，背景越清晰。简单地说，光圈越大景深越小越浅，光圈越小景深越大越深。

通过调节焦距控制景深的大小，焦距越长景深越小，焦距越短景深越大。通过改变拍摄距离控制景深的大小，拍摄距离是指拍摄者与拍摄对象之间的距离，确切地说是镜头与焦点物体之间的距离，物距越大景深越大，物距越小景深越小。因此，在突出主体的表现方式中，通常可以使用大光圈、长焦距、近物距来营造浅景深、具有冲击力的画面。

当然，在微视频创作的过程中，并不是一味地追求浅景深。景深的控制要服务于创作需要，比如在人像、花鸟、宣传展示、体育类题材的拍摄时，通常需要突出主体形象，对杂乱的背景以及前景进行虚化模糊处理，这时往往大光圈浅景深的运用就比较多，而在拍摄大场面的风光、拍摄文献史料时，通常画面远处与近处的物体都要求拍摄清晰，要保留较多的画面信息，这时往往需要使用小光圈大景深。

快门

快门是照相机控制曝光时间长短的装置。快门的主要作用是通过控制开启的时间长短来控制进入镜头的光线量，完成曝光。简单说快门就是控制进光的时间，与光圈配合共同实现曝光量。快门速度是快门的重要参数，目前常见的数码相机快门速度在 30 秒 ~1/8000 秒，快门速度一般通过调节主拨盘来控制，快门按钮在拍照时 AF 自动对焦模式下通过半按对焦，然后完全按下合焦，控制快门开合。

快门速度还可以改变运动呈现的形式。高速的快门可用于凝固快速移动的物体，如拍摄体育运动；而慢速快门会使物体模糊，常用于产生艺术效果。高速快门即曝光时间短，而慢速快门则表示曝光时间长。

感光度

感光度是指感光材料感光的快慢程度，也可以理解为感光材料对光的感受能力、敏感程度。感光度用 ISO 表示，ISO 数值越大，对光的敏感程度越高，通常环境越暗使用的 ISO 数值越大。在传统胶片摄影时代，感光材料就是胶卷底片；在数码时代，感光元件一般使用 CCD 或 CMOS。感光度越高，拍摄时需要的光线越少，但成像的颗粒也会越大。感光度是拍摄时经常要调整的指标。

白平衡

白平衡是描述显示器中红、绿、蓝三基色混合生成后，白色精确度的一项指标，它可以解决色彩还原和色调处理的一系列问题。白平衡是一个很抽象的概念，最通俗的理解就是让白色所成的影像依然为白色，并以此来保证其他色彩的准确性。前期拍摄时，调整白平衡一般有三种方式：预置白平衡、手动白平衡和自动跟踪白平衡。

白平衡和色温，两者对于影像真实还原现实场景的色彩，以及在后期进一步对色彩进行细微地调整和控制起到至关重要的作用。熟练掌握相机器材中关于白平衡和色温的相关功能设定，可以更准确地掌控影像作品的色彩表现。

第三节 附件的选择与应用

一、收音设备的选择应用

与平面摄影相比较，视频创作是体现视觉与听觉的综合艺术形式。声音是视频创作中要表现的重要元素之一，在视频创作过程中，通常要遵循一个重要原则：能在前期做好的，绝不放在后期！以收音工作为例，前期同期声收音的品质直接决定成片后声音的质量。如果前期收音出现问题，就会在后期对声音的调整时带来很多困难和麻烦，而且后期声音修复的成本也要远远大于前期硬件设备的投资。因此，选用普适性强、功能强劲、稳定性高的收音设备就显得尤为重要。许多人习惯在视频创作过程中同时使用两种以上收音设备进行声音采集，以防止声音收集出现问题。

专业多轨便携录音器

这类录音器通常有良好的自由度和性能，可以提供四轨道同时录制两条立体声文件，一条是内置麦克风输入；一条是外部输入。根据不同的录音环境来选择适合的麦克风转接头，可以在不同的环境中进行多轨录音，通常应用在新闻采访、视频拍摄、实时直播，电台广播中。

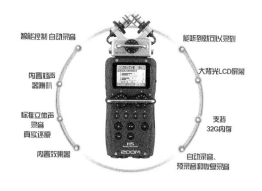

图 2-7

枪型指向麦克风

指向性麦克风可以最大限度地削弱其他方向的声音，在同期录音中的一个重要作用就是避免主声音之外的噪声。它的最佳收音角度为正前方的小范围锥形区域，主要用于户外收音，如户外新闻采访的收音使用、影视外景拍摄时的收音使用。其较好的指向性特征使得这类麦克风能较为有效的减少对周边环境噪音的收入。

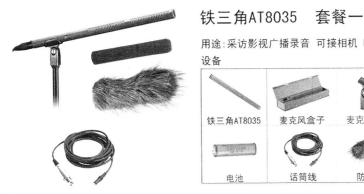

铁三角AT8035　套餐一

用途:采访影视广播录音 可接相机 DV等设备

铁三角AT8035　麦克风盒子　麦克风夹子

电池　话筒线　防风棉

图 2-8

有线 / 无线领夹式麦克风

领夹式麦克风的优点是体积小，重量轻，绿色环保，便于随身携带，可适用于大型会议录音、演出录音、户外随机采访录音等，在专业应用领域，索尼、森海塞尔、舒尔等品牌应用比较广泛。

二、其他拍摄附件的选择应用

三脚架

三脚架是固定、稳定相机的设备，可以起到稳定拍摄的作用，是视频拍摄时最常用到的附件之一。选择三脚架时稳定性、承重性往往放在第一位上，此外，便携性和价格，也是选购三脚架时的重要因素。

在选购三脚架时，不仅要考虑其稳定性、便携性和价格因素，还要参考其配套的云台设备。与图片摄影常用的球形云台和三维云台相比较，液压阻尼云台在视频拍摄时可以发挥更重要的作用。另外，视频拍摄与图片拍摄不同，视频拍摄的是动态影像，其推、拉、摇、移、跟等运动摄影的特征都需要较好的云台辅助附件来配合完成。

图 2-9

灯光

在影视摄制中，灯光不仅能够烘托气氛、协助塑造人物形象、表现人物心理，也能够参与叙事，影响观众情绪，灯光的布局与控制是影视摄制中的重要一环。影视场景中的灯光与现实世界中的灯光是有所区别的，为了取得良好的灯光效果，拍摄前需要先对灯光进行布局和设置，如灯光的数量、位置、颜色、亮度、阴影及渲染烘托等。灯光的种类很多，LED 聚光灯、相机头灯、外拍便携灯，钨丝泛光灯，新闻采访灯等，都是可供选择的灯光设备。

第四节　拍摄前的准备工作

一、视频标准的设定

在视频的拍摄制作过程中，经常可以遇到信号制式的设置。较为常见的视频信号制式有 PAL、NTSC 和 SECAM，其中 PAL 和 NTSC 是应用最广的。PAL、NTSC 和 SECAM 原意是指全球三大主要的电视广播制式。PAL 制式，又称帕尔制，英文全名"Phase Alternating Line"，意为"逐行倒相"，是 1967 年由当时任职于德律风根（Telefunken）公司的德国人沃尔特·布鲁赫（Walter Bruch）提出，属于同时制，帧率为每秒 25 帧。所谓"逐行倒相"是指每行扫描线的彩色信号跟上一行倒相，其作用是自动改正在传播中可能出现的错相。PAL 采用逐行倒相正交平衡调幅技术方法，对同时传送的两个色差信号中的一个色差信号采用逐行倒相；另一个色差信号进行正交调制方式。如果在信号传输过程中发生相位失真，则由于相邻两行信号的相位相反起到互相补偿的作用，从而有效地克服了因相位失真而起的色彩变化。PAL 本身是一种彩色电视广播标准，经常被配以 625 线，每秒 25 帧画面，隔行扫描的电视广播格式。PAL 制式中根据不同的参数细节，又可以进一步划分为 B、D、G、H、I、N 等制式，例如 PAL-D 制是我国大陆采用的制式，英国和中国香港、澳门地区使用的是 PAL-I；新加坡使用的是 PAL B/G 或 D/K。

NTSC 制式（又简称为 N 制），是 1952 年 12 月由美国国家电视标准委员会（National Television System Committee，简称 NTSC）制定的彩色电视广播标准，也属于同时制，每秒 30 帧画面，扫描线为 525，隔行扫描。这种制式的色度信号调制包括了平衡调制和正交调制两种，解决了彩色黑白电视广播兼容问题，但存在相位容易失真、色彩不太稳定的缺点。美国、加拿大、墨西哥等大部分美洲国家以及日本、中国台湾地区、韩国、菲律宾等均采用这种制式，中国香港地区部分电视公司也采用 NTSC 制式。

帧速率

通常所说的 24 帧 / 秒指的是帧速率。帧速率是指每秒钟刷新的图片帧数，也可以理解为图形处理器每秒钟能够刷新几次。电影的帧速率为 24 帧 / 秒，PAL 制是每秒 25 帧。由于帧率的差别，要在 PAL 或者 NTSC 制式的电视上播放电影，通常需要对音频和视频分别做一些特别处理。

常见的帧速率除了 30 帧 / 秒、25 帧 / 秒、24 帧 / 秒，还有 60 帧 / 秒、50 帧 / 秒。60 帧 / 秒和 30 帧 / 秒是 NTSC 制的标准，50 帧 / 秒和 25 帧 / 秒是 PAL 制的标准。也就是说，如果影片要在美国等 NTSC 制地区的电视台播出就要使用 60 或 30 的帧速率；如果要在中国或欧洲的电视台播出就要使用 50 或 25 的帧速率；而 24 的帧速率最接近电影的视觉效果（电影胶片拍摄的标准速率为 24 格 / 秒）。

通常影视剧或影视广告中的慢镜头，要使用更高的帧速率来拍摄，然后使用正常的速度回放，就能得到慢动作效果。比如用 50 帧来拍摄一个镜头，在后期软件中将它变换为 25 帧，那么原来 50 帧的画面还是 50 帧，但这个镜头画面的时长却从一秒钟变成了两秒钟，于是就得到了一个相当于原来速度一半的慢动作画面。所以，在拍摄时可以通过设定帧速率来获得慢动作效果，也可以在后期制作时通过剪辑软件来实现变速效果。

扫描方式

扫描方式有两种：隔行扫描（用 i 表示）和逐行扫描（用 p 表示）。不同的播出平台对于扫描方式也会有不同的要求。对于网络视频来说，通常采用逐行扫描的方式，它可以在电脑显示屏上获得更好的视觉体验。另外采用逐行扫描拍摄的视频素材，在某些后期特效的制作中可以获得比隔行扫描更好的效果。

在实际应用中，为了方便，我们通常会把分辨率、帧速率和扫描方式这三项或其中的两项合在一起，用一些缩写来表示，比如我们常见到的一些专业术语：1080p、50i、720p 等等。

二、视频格式和视频存储的设定

目前市场上用于微视频创作的数码相机大都支持全高清、高清格式等视频格式（MOV，MP4，AVC），部分新机型还提供 4K 视频的录制。

用于视频拍摄创作的数码相机，视频存储设定主要使用 SD、CF、Cfast、XQD 存储卡，索尼的部分机型也支持记忆棒存储。

SD 卡

SD 卡容量目前有 3 个级别，分别是 SD、SDHC 和 SDXC。SD2.0 规范是 SD 协会于 2006 年 5 月发布的 SD 卡技术规范。SD2.0 的规范中对 SD 卡的速度分级方法是：普通卡和高速卡的速率定义为 Class2、Class4、Class6 和 Class 10 四个等级。SD3.01 规范被称为超高速卡，速率定义为 UHS-I 和 UHS-II，UHS-I 规格产品的最高速度约 95MB/s，UHS-II 规格产品的最高速度约 300MB/s。

CF 卡

从速度上可以分为 CF 卡、高速 CF 卡。CF3.0 标准在 2005 年即被采用，CF3.0 最高速度达到 66MB/s，CF4.0 最高速度达到 100MB/s，CF4.1 最高速度达到 133MB/s，CF5.0 最高速度达到 133MB/s，CF6.0 最高速度达到 167MB/s。CF5.0 还提供了一项可选特性 "Video Performance Guarantee"（视频性能保证），针对高清视频拍摄提供 QoS 功能，以保证不会出现丢帧现象。

CFast 卡

CFast 是 CF 阵营开发出 CF 规范的新升级标准，主要应用于高端单反相机。它采用 SATA 3Gbps 接口，其外形和 CF 卡一样，CFast 2.0 规格产品最高速度可达 540MB/s（3600X）。而目前的 CF 卡最高速度仅为 200MB/s（1333X）。虽然闪存还不可能达到如此高速，但接口速度的提高仍然有助于数码单反厂商设计高速连拍相机，并改善影像存取，提供高速的用户体验。

XQD 卡

XQD 是 CF 的升级换代产品，尽管可能在未来很长一段时间内，XQD 都难以完全取代 CF，但 XQD 比 CF 卡具备更优良的性能。目前市面上的 XQD 大都是由索尼生产的，都可以达到 125MB/s 以上的速度。XQD 存储卡的主要特点是：读写速度快，外观优化，持久耐用，采用可升级的高性能接口。XQD 2.0 版本的最高速度约 440MB/s。

数码相机存储卡的选择主要参考容量、卡速、视频录制的码率三个因素，目前新型的数码相机很多都提供 4K 视频的录制，为了兼顾 4K 视频的录制应用，存储卡的选择方面建议最少要不低于 32G 容量，速度不低于 90MB/S 的高性能内存卡。

三、不同类型的影像风格设定

数码相机厂商通常会在相机内设置几组不同的影像风格以供在拍摄时选用。创作者通过选择使用不同类型的风格样式，对风格档、色温和色彩偏移等数值做调整配合，这样不必等到后期制作时再做复杂的调色，而在前期拍摄时就可以实现想要的色彩和影调。有的相机还允许在内置风格的基础上对影像做进一步地调整，比如对饱和度、对比度、色调等参数的调整，可以保存成自定义的文件。对风格样式的选择没有一定之规，创作者可以根据自己的创作题材、拍摄环境和个人的兴趣喜好来自行决定。不过，在进行高品质的专业创作时，建议尽量在前期就让画面保留更多细节和更大的宽容度，为后期专业调色留出最大的空间和余地。此外，在拍摄前，创作者还要对一些重要的指标和参数做调整设置。

1.影响画面质量的感光度

感光度是指感光元件对光线的敏感程度，衡量这种敏感程度的单位是ISO。曝光时 ISO 感光度的数值直接影响成像的质量。ISO 越高感光元件对光线就越敏感，所以暗光环境下可以通过提高 ISO 数值来增加曝光量。但是随着 ISO 数值的增加，成像质量也会受到影响，最突出的影响就是画面出现噪点。通常情况下为了保证画质优良，ISO 数值越小越好。另外，很多相机都会设置无噪点最优成像的 ISO 数值范围，比如索尼的有些微单机型 ISO6400以下可无噪点。

2.影响画面色彩气氛的白平衡

很多环境下，相机内自动白平衡的性能可以满足创作需要，而且微视频创作过程中，还可以在后期通过剪辑软件对白平衡进行必要的调整和处理。另外，也可以在前期对白平衡进行灵活设置，使画面产生特殊的视觉效果。比如，偏黄的色调可以营造温暖怀旧的氛围，偏蓝的画面可以带来冷峻、清爽甚至阴郁的感受。

无论是前期色彩基调的预设还是后期风格化的调色，都是服务于创作的需要。通常前期色彩基调预设更多运用在图片摄影领域，视频创作还是要尽量保证前期白平衡的准确还原；后期制作时可以再进行整体校色、风格化设计调整等工作流程。

3. 对焦模式的选择

对焦模式，是指相机如何完成对焦的动作。目前主流数码相机常见的对焦方式有三种，单次自动对焦（Single-Shot AF）、连续自动对焦（Continuous AF）、手动对焦（Manual Focus）。对焦模式的切换，有的在镜头的接环旁边，以 C、S、M 表示；有的则是在机身内的选单中，或是在机顶的设定钮。手动对焦是视频拍摄时最常用的对焦模式。

图 2-10

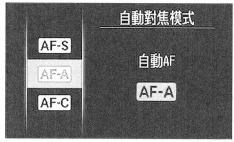

图 2-11

图 2-12

单次自动对焦是数码摄影中常见的对焦方式，主要用于静止物体的对焦，在拍摄一般静止的风光照片时，大多选择这种对焦方式。使用单次自动对焦模式，对焦的效果最为清晰，尤其适合拍摄风景、人物、景物、花卉等。

连续自动对焦通常用于运动摄影。当相机设定为连续自动对焦时，只要将对焦点框在主体上，并保持半按快门按钮的动作，相机就会连续对焦。通常这种对焦模式，要配合连拍的效果会更好。

　　手动对焦是以手动的方式，通过转动镜头上的对焦环来完成对焦。进行手动对焦之前，先要将对焦模式切换到手动对焦。来回转动对焦环，并以肉眼在观景窗中确认主体是否变得清楚，主体清晰的成像即表示对焦准确。手动对焦是最适合视频创作的对焦模式，相较于 AF 自动对焦无法准确追踪运动主体的问题，MF 手动对焦配合辅助器材跟焦器可以准确流畅地实现跟焦的操作。

4. 测光模式的选择

　　相机能否准确还原拍摄场景的明暗状态，取决于能否准确曝光，而曝光的依据是测光，相机会通过测光测取环境的光量，然后根据已有的快门速度或光圈数值来确定另外一些曝光参数。测光模式主要有中央重点测光、点测光、中央重点平均测光等，但这些测光模式大都在图片拍摄时适用。视频拍

图 2-13　测光表

摄时由于大都是用 M 挡手动操控，手动调整 ISO、光圈、快门等数值，所以通常都是采用相机内默认的测光方式。为了实现测光的准确和精度，可以配合使用测光表来作为辅助工具，测光表还可以用做照明来控制光的亮度。

5.曝光模式的选择

数码单反相机和微单相机大都设置有光圈优先、快门优先、M 挡手动模式、P 挡和 B 门等几种曝光模式，在图片摄影创作时，每种模式都有其适合拍摄的场景和题材，而在专业视频拍摄时，为了取得更准确的曝光和画质，大都选用 M 挡手动模式拍摄。

光圈优先模式是指拍摄时手动控制光圈大小，相机根据曝光的需要自行配制快门速度。该模式下可以自主改变光圈大小，快门速度会随着光圈的变化自动调节，从而确保获得合理的曝光。在进行图片摄影创作时，光圈优先模式的应用比较广泛，比如拍摄风光、人像、建筑、纪实、微距、花卉等题材时，光圈优先模式便捷而有效。但在视频创作领域，由于光圈优先模式下快门是自动配置的，会给视频拍摄过程带来很多不可控的因素，所以专业视频拍摄大都采用 M 挡手动模式。

快门优先模式下用户可以自主调节快门时间，此时相机会根据快门的改变而自行配置光圈数值，从而确保曝光量的合理性。快门优先模式与光圈优先模式相对应，通常用于图片摄影拍摄。比如拍摄小溪流水或瀑布时，如果想把水流拍出丝质般柔顺的梦幻场景，需要用慢速快门拍摄出动感模糊的效果，这种情况下就可以用快门优先模式先确定一个合适的快门速度，而相机会自动配置光圈数值。在拍摄快速运动的物体时，要将其拍得清楚，凝结瞬间清晰的画面，这种情况也通常采用快门优先模式。

在微视频创作过程中，快门优先模式并不能控制光圈的大小，会导致无法控制景深和虚实变化的发生，而且不恰当的快门速度还会造成画面频闪，所以微视频创作时大都采用 M 挡手动模式。

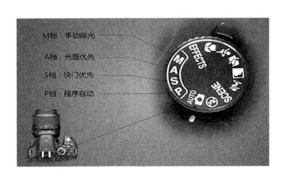

图 2-14

　　M 挡手动模式下，无论光圈还是快门都要根据拍摄需求手动调节，想要取得准确曝光，就要在准确测光的基础上，对光圈、快门速度、ISO 感光度做基数调整。在视频创作时，M 挡手动模式是最强大的曝光模式，创作者可以根据影片需要自行操控光圈、快门、ISO 感光度数值，以满足影片创作的需求。

第三章

微视频的审美特征与造型要素

第一节　掌握微视频拍摄的造型要素

一、景别及景别的意义

景别是摄影师创作时组织结构画面，制约观众视线，决定让观众看什么、以什么方式看、看到什么程度的有效的造型手段。景别也是影片风格、导演风格和摄影风格的重要体现，可以说，影视作品创作的最终视觉形式要归于镜头画面不同景别的排列组合。或者说，影视作品是通过镜头与镜头的组接来讲述故事、刻画人物、传达情感，从而形成一部完整的作品。因此，景别是视觉传达中最重要、最外在的视觉语言形式，也是镜头画面空间的表达形式。

从概念上说，景别是指被拍摄主体在镜头画面中呈现的范围。由于摄像机与被摄体的距离不同，或者在距离固定的前提下，摄像机所采用的镜头焦距不同，而造成被摄主体在镜头画面中所呈现出的范围大小的不同。

在镜头焦距固定的前提下，摄像机与被摄体的距离越远，画面拍摄范围就越大，景别就越大；摄像机与被摄体的距离越近，画面拍摄范围就越小，景别就越小。

在摄像机与被摄体的距离固定的前提下，镜头焦距越短，画面拍摄范围就越大，景别就越大；镜头焦距越长，画面拍摄范围就越小，景别就越小。

景别一般可分为五种类别：远景、全景、中景、近景、特写。也可以将景别划分得更明确细致些，比如可分为：大远景、远景、大全景、全景、中全景、中景、中近景、近景、特写、大特写等。

景别的分类方法通常有以下两种：

一种是以被拍摄景主体在画面中所占的画幅面积比例的大小为标准。根据主要被摄对象的大小比例。

一种是以成年人身体为尺度标准，以表现或截取人体部位多大范围来划分景别（图 3-1）。这也是目前比较主流的衡量画面景别的划分方法。

图 3-1　景别的划分

二、景别的分类与作用

（一）景别的分类

1. 远景

远景是影视画面中表现空间范围最大、视距最远的一种景别类型（如图 3-2）。远景镜头通常用于表现辽阔的景物或宏大的场面，通常用来表现自然景观，以及交代故事发生的地点和环境。

图 3-2　纪录片《胶东乳娘》中的远景镜头

远景景别中还可分出大远景（如图 3-3）。远景与大远景相比较，视野相对较小；而大远景可用来表现更为辽阔深远的空间，有抒情的意味，比如一望无际的自然景观，画面显得壮观而有气势。大远景通常在场景段落的开始使用，以表达全面的空间关系。

图 3-3　纪录片《胶东乳娘》中的大远景镜头

总的来说，远景景别以表现地点位置、地理特征、环境氛围为主，常用来介绍故事展开的空间位置和大环境，以及画面内个体与个体、空间与空间、空间与个体之间的关系等。

2. 全景

全景表现的是某一场景的全貌或者成年人的全身，若以图 3-1 为衡量标准，可以看到被摄物的具体轮廓在画面中完整的展现，并且环境特点和氛围也能够大致体现（图 3-4）。

图 3-4　纪录片《河水洋洋》中的全景镜头

全景景别也可分出大全景（图 3-5）。全景相对于大全景更突出被摄物的整体样貌，将其周围的环境相对弱化，而大全景除了表现被摄物的全貌，还能相对具体的表现它所处的环境，所以大全景也称为环境镜头。包含了更多的信息元素的大全景，会使画面更具有系统性和完整性。

图 3-5　纪录片《河水洋洋》中的大全景镜头

　　全景与远景不同的是，全景画面内有明确的拍摄目标，被摄物的动作特征能够明显地展现出来，使被摄物处于视觉的中心地位，同时能够了解到人物与环境之间的关系。远景侧重于画面的氛围和气势，而全景更侧重画面的主体和结构。

　　3. 中景

　　中景是用来表现人物和物体动作、行为以及局部场景的画面，交代被摄物动作性强，具有表现力的部分，若以图 3-1 为衡量标准，就是指用来表现成年人膝盖以上的部分画面（图 3-6）。

图 3-6　纪录片《河水洋洋》中的中景镜头

　　用中景体现人物时，除了能表现人物的动作和行为，还在一定程度上能够表现人物的情绪；用中景体现场景时，能反映该场景的局部特征。因此中景重视情节和动作，便于交代人与人、人与物之间的关系，具有很强的叙事性，所以也称其为叙事镜头。中景镜头在影视剧中所占比例很大，是最常见的景别形式。

　　相对全景而言，中景多用来表现动作情节，如人物、动物等物体的运动，所以画面主要展现的是被摄主体，而其所处的环境大都被淡化甚至忽略。总之，中景只能突出被摄物的主要部分，淡化或省略次要部分。

4. 近景

近景画面与中景相比被摄物与观众的距离拉得更近，若以图 3-1 为衡量标准，近景是指人物胸部以上或主体物占据画面一半以上面积的景别范围。近景更能够表现人物的表情、神态、情绪或者物品细腻的质地和质感，但是近景不能表现人物幅度过大的动作。

图 3-7 《山东地方戏曲系列专题片——吕剧》中的近景镜头

近景画面中环境与场景会被弱化，几乎将其全部排除到画面之外，画面结构主要体现细节，以被摄物的局部为主。着重表现人物的神态、情绪变化，反映人物的心理活动，拉近了观众与被摄物之间的距离，能更好的传达情绪信息以及画面的深层意味，因此在影视剧中使用很广泛。"远景取势，近景表神。"近景布局时对环境空间的表现要淡化，前景、背景都要突出表现人物面部神态、心理状态，要为动作、手势预留空间。

5. 特写

特写镜头是用来表现人肩部以上或者被摄主体的重要局部，是从细微处意图引起观众注意，比如人的眼睛、嘴巴、手等微小特征，或者是被摄物独有的特点。若以图 3-1 为衡量标准，就是指拍摄成年人肩部以上的头像或被摄物细节部分的画面（图 3-8 与图 3-9）。

图 3-8　微视频《惠民绳网》中的特写镜头　　图 3-9　微电影《锁匠》中的大特写镜头

在特写画面中，被摄物已经完全从环境中脱离，比如在拍摄人物时，画面强化人物的面部表情，可将人物情绪和人物性格加以放大化处理，将人物的内心传递给观众，拉近观众与人物之间的心理距离。

特写镜头用来表现细小局部，说明其画面内容有强调和突出的意味，能够揭示事物的含义、人物的内心活动。特写镜头又可细分出大特写镜头，用来表现被摄主体的核心，相当于"感叹号"。可以让观众看到最关键的、最重要的细节，引发观众对影片的联想和思考，给人较强的视觉冲击力，是视觉效果比较独特的景别类型。总之，特写镜头强调表情与细节，体现主观情绪、神韵、特征、震撼力等，只要用到特写镜头，必定片中想要也是需要强调的内容，所以说特写镜头应谨慎运用，不可滥用。

（二）景别的作用

景别是一种镜头风格和导演风格。影视艺术的特征之一就是通过镜头的排列组合传情表意，而镜头的排列组合可以形成一种规律。规律即风格，比如一部影片的主导景别、贯穿景别就可以成为一种镜头风格。

导演对某种景别的偏爱与使用，会成为导演叙事语言的风格，从而形成影片的造型风格和情绪风格。不同的景别有不同的画面结构，景别与景别之间构架的不同，呈现出的叙述方式也不同，同时营造出的不同节奏，带来了视点的变化、拍摄距离和角度的变化，引起不同的心理反应，满足观众以不同视角观看影片的心理需求。

1. 远景

（1）展现宏大的场景

远景可以表现辽阔的景物、场面或被摄体在场面中的位置，营造整体画面的情绪和意境，展现具体的地域位置、环境气氛、光线效果、色彩基调是远景画面拍摄的重点（如图 3-10）。

图 3-10　纪录片《河水洋洋》中的远景镜头

（2）表现视野广阔的空间，起到抒发情感的作用

远景是视距最远的景别，拍摄远景时可以通过景物的明暗关系或外部曲线及线条的变化来组织画面，从而造成宁静、空旷、回味、深远等意境，可起到抒情、表意的作用。

（3）一般作为一个段落或者是整个片子的开篇或结尾部分的画面

远景画面可以表现整体的空间环境，比较全面地展示和交代环境特征，所以经常被用来作为片子的开篇部分，或者是一个段落的开头，介绍环境、渲染气氛，为片子奠定大致的视觉方向。

全景是用远处的视角看一个场面，使观众与场景之间产生距离感，带有较为冷静和客观态度，所以用远景镜头作为远景画面，可以让观众形成远离或脱离剧情的直观感受，并且为观众留有遐想和思考的空间。

2.全景

（1）能够充分表现人物的形体动作

全景画面表现的是某一场景的全貌或者成年人的全身，可以完整地展现人物的行为动作。为了配合人物的情绪和性格，人的行为动作可以对情绪的渲染起到辅助作用，能够将人物的心理活动更直接更具体地展现给观众，起到情绪外化的作用。

（2）表现被摄对象的全貌和它周围的环境，渲染情绪或氛围

与远景相比，全景有明显的做为内容中心、结构中心的画面主体，是将环境特征进行有效提炼。由于全景画面可以表现事物或场景的全貌，除了能够交代故事发生的场景环境，还能使画面空间更具完整性、真实感，有渲染情绪氛围的作用（图3-11）。

图3-11　纪录片《河水洋洋》中的全景镜头

（3）使某个场景、某个段落具有统一性

影片是通过若干个不同景别的画面进行技术处理和艺术处理而形成的，简单来说是将不同景别镜头进行分切组合。这就要求某一场景或某一段落的前后镜头、拍摄方向、色彩、光线、影调等方面都要做到基本统一，需要一个镜头标准，而全景画面就是这个段落的"标准镜头"或者说"参照镜头"，以确保画面中的被摄物在空间关系上具有统一性。

（4）有利于交代人与环境、人与人之间的关系

相对于其他景别而言，全景画面中人物形象可以得到充分展现，行为动作更加灵动，具有力度。同时在两人或多人的画面中，其行为动作也可以进行充分的展示，从而更好地交代人与人之间的关系（图3-12）。

图 3-12 《山东地方戏曲系列专题片——吕剧》中的全景镜头

3. 中景

（1）表现人物与人物之间的交流，能表现人物一定的面部表情，传递人物情绪

在影视剧中，大量运用中景镜头来表现人与人之间的交流，能比较全面的表现人与人之间的关系、交流以及交往动作的方向等，与此同时也能将人物与环境的关系有所保留（图3-13）。既可以表达情绪，又可以展示一定细节，所以中景镜头是叙事性最强的镜头，因此又被称为"叙事景别"。

（2）表现人物的动作行为，加强感染力

与远景相比，中景能够呈现人物更多的细节，常常用来展示人物上半身的形体动作和情绪交流，通过肢体语言来传递人物间的情感表达，能捕捉到人物最引人注目的部分，所以能带给观众更强地注意力和感染力。

图 3-13　微视频《党员系列》中的中景镜头

4.近景

（1）有利于人物传神达意，揭示人物心理活动

"近取其神"。近景能够表现人物的情绪、神情以及小幅度的动作，甚至能展现人物细微的面部表情，人物的眼神以及脸部肌肉的小幅度运动都能完整地表现，这比近景更加能反映人物的心理活动，能将人物的情绪更深刻地传递给观众（图 3-14）。

图 3-14　《山东地方戏曲系列专题片——吕剧》中的近景镜头

（2）有利于展现物品的细腻质感

"近景取其质"。近景能够展现物品的独特质感，对物品局部的质地进行

细节刻画，同时也能向观众传递重要信息（图 4-15）。

图 3-15　《山东地方戏曲系列专题片——吕剧》中的近景镜头

（3）缩短人物与观众之间的心理距离

人物是近景镜头的被摄主体，使观众忽略环境空间，将注意力转移到人物身上，将人物与观众之间的距离进一步缩短，在视觉上有助于观众贴近人物，拉近人物与观众之间的心理距离，从而更好地传递人物情感和画面的深层含义，引导观众思考。

5. 特写

（1）是影片或段落中的视觉重点，给观众视觉冲击力

特写镜头的视觉冲击力是最强烈的，画面的视觉张力能够使其成为视觉重点，包含了特定的含义，观众能够被引导着感受和思考，有利于激发观众的联想和想象，使观众可以体会更深层次的含义。

（2）揭示人物面部表情、身体部位的细微变化或特征，展现人物情绪，揭示心理活动

特写镜头中的人物微表情和微动作在画面中得到充分地展示，更好地表达人物内心深处的思想活动和情感，反映了人物用笼统的语言和动作无法表达的内心世界（图 3-16）。

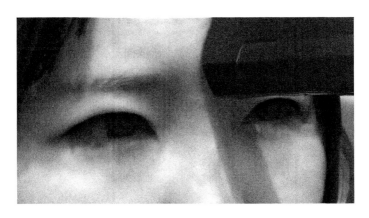

图 3-16 微电影《真与假》中的特写镜头

（3）对细节进行强调突出，刻画细节特征，交代问题关键和核心

在大多数影视剧中，需要引起观众注意或强调突出的物品，都会用特写镜头加以提醒。特写镜头可以细致地展现物品的细节部分，体现质感，揭示物品本质。

以上简单总结了影视剧中景别的使用方法和作用，但在实际的创作过程中，景别的划分和使用是相对而言的，并不是固定和死板的。各个景别虽都有自己的特点和作用，但并不是独立的个体，亦需要不同景别间的互相作用，组合到一起，灵活运用，这才能形成一个有机整体，构成完整的影像视频。

三、影响景别改变的主要因素

能够影响景别改变的因素有很多，但主要可以从镜头切换、人物运动和摄影机运动三个方面来进行分析。首先，镜头切换是导演的主观意志，通过镜头切换实现对景别的改变，是导演创作意图的重要体现。镜头的切换可以推进叙事，带来视觉节奏的变化。

被拍摄人物的运动可以改变景别范围，并对画面构图带来影响。因此，摄影师在拍摄时要随着人物运动不断调整构图、调整景别范围，以保证视觉效果和构图的完整性。

摄影机运动是摄影师丰富画面造型、寻求视觉变化的重要手段，也是导演场面调度的重要手段和方法。摄影机运动可以带来机位视点的变化，从而改变物距、透视和景别范围，并形成构图的多样性和丰富性特征。

四、景别处理要注意的问题

影视作品是通过不同镜头景别的组接进行叙事的，景别是摄影师创作时组织结构画面，制约观众视线，决定让观众看什么、以什么方式看、看到什么程度有效的造型手段。不同景别的镜头组接方式，会造成不同的视觉造型风格和叙事呈现方式。

景别在使用时，是存在一定规律的，景别变化大体有三种方式：递进式、跳跃式、随意式。其中最常用的就是递进式。递进式是指景别的变化方式是递进的，分为远离式和接近式两种类型，远离式就是由近及远：特写—近景—中景—全景—远景的顺序。接近式就是由远及近：远景—全景—中景—近景—特写。

跳跃式可以分大跳跃、小跳跃，实际运用较多，但要注意符合空间关系或心理关系。

随意式易对叙事和视觉效果产生破坏，应用时要谨慎处理。

当然，景别变化的规律并不是硬性的，只是人们倾向的景别变化处理方式，没有严格地区分与划定，可以按照自己的理解，对不同景别镜头进行灵活地组接，从而将影视作品的造型、节奏、运动、风格以及画面的视觉流畅传递给观众，叙事的同时也抒发情感和传情表意。

下面对个别景别类型使用时应注意的地方，分别进行说明。

（1）远景镜头体现的画面内容较为宏观，所以应该从整体着眼，根据景物自身的结构线条进行合理构图，比如纵横的梯田、连绵的山丘、蜿蜒的河流等，巧妙运用景物特有的色调和线条，烘托气氛。

（2）在全景镜头的作用中提到过，全景画面经常被当作某一场景或段落的"参照镜头"，因此，全景画面要严格把控好运动、影调、角度、光线等问题，在视觉上实现上下镜头衔接的统一。所以在拍摄的过程中要注意，无论在后期剪辑时是否会保留这个场景的全景镜头，都需要对这个场景的全景镜头进行拍摄，一般是最先拍摄全景画面。

（3）近景景别又称肖像景别，要特别注意人物最佳角度的选择。谨慎运用俯拍、仰拍、平拍这三种拍摄角度。"远景取势，近景表神"，近景景别在画面布局时要淡化对环境空间的表现，前景、背景都要突出表现人物面部神态、心理状态，同时还要为动作、手势预留空间。

（4）特写景别在构图时要注意表现人物头肩关系或头部关系，眼神的构图要极讲究。拍摄时，特写镜头时间可适当长些，以达到足够的视觉冲击和情感冲击。大特写画面内容要极具造型性和动作特征，要保持局部表现内容的视觉鲜明性和突出性。大特写画面光线要极为讲究，要注意前后镜头光线效果的连续性。

第二节　构图

摄影构图是指在有框架的固定画面中，从画面和叙事的角度出发，根据现有内容和视觉协调的要求，将画面中的结构因素和视觉元素进行组织安排，形成客观、合理的整体。

构图是一个选择的过程，创作者从庞大且散乱的构图要素中进行筛选，利用光线、线条、色彩以及影调等造型手段，通过构图方式和布局技巧，将三维空间中的现实形象表现在二维的平面上并呈现给观众，从而传达意义抒发情感。

如果想要简单清晰的概括构图，可以引用《摄影构图学》中的一句话："通过构图，摄影家澄清了他要表达的信息，感受，把观众的注意力引向他发现的最重要、最有趣的东西。"构图的初级目的是寻求最佳的画面表现形式，最终目的则是更好地表现主题思想。

一、构图的主要结构元素

画面的主要结构元素有：主体、陪体、前景、背景（后景）。根据拍摄者的创作意图，将上述几个主要结构元素分别分配到合理的位置，并有选择的进行搭配，从而形成主次分明、相互联系且关系清晰的画面。由于景别的限制、创作者的需求等原因，这些结构元素在画面中并不需要全部出现，只出现其中一个到两个也是可以的。

（一）主体

主体是画面的视觉重点，是主要表现对象，是画面结构的中心，是在构图时应该首先考虑的。结构画面应先根据主题思想来确立主体，不一定必须是人，也可以是物；不一定只有一个，也可以是多个。它在画面中起着前呼后应的主导作用，也是画面主题表达的关键点，其他的构图元素围绕主体进行合理的放置安排，所以如果失去主体，就失去了体现画面内容的中心，主题思想会不清晰，画面也就失去了意义。

主体是表达内容的核心，也是结构画面的核心。主体在画面中放置的位置并不是固定的，创作者可以根据自己的风格、内容表达的需要、镜头之间的连贯性来进行放置，利用光线、线条、色彩以及影调等造型手段来突出主体。

主体的表现方式分直接突出主体和间接突出主体两种。直接突出主体就是把主体放在最突出的位置，也就是说在画面中主体占最大面积，以最直观地方式呈现给观众。这也就导致直接突出主体的画面风格偏重于写实（图 3-17）。

图 3-17　《舞蹈生》

间接突出主体通常是指主体在画面当中面积比较小，画面风格偏重于写意，即通过比较含蓄地方式来处理画面。通常可以利用明暗对比、色彩对比、线条引导、动静对比和虚实对比等方式来实现。

1. 通过影调映衬主体（图 3-18）

图 3-18　音乐剧《妈妈再爱我一次》（校园版）

2. 通过环境烘托主体（图 3-19）

图 3-19　微电影《晨曦之光》

3. 通过光线或线条将视线引导到主体上（图 3-20）

图 3-20　纪录片《河水洋洋》

4. 通过焦点虚实来突出主体（图 3-21）

图 3-21

总之，主体在画面中起主导作用，是整个画面的焦点所在，是画面的灵魂，其他的因素也应该围绕主体进行配置。所以，找到正确合理的主体位置，在结构画面中是十分重要的。

（二）陪体

陪体和主体关系密切，两者构成一定的画面整体，陪体在画面中陪衬、突出、烘托主体（图 3-22），是除主体之外运用得最多的结构元素。

图 3-22 《山东地方戏曲系列专题片——吕剧》

陪体在画面中主要起到以下几个作用。

（1）陪体可以起到均衡、美化、装饰画面的作用。在色彩、影调、面积、运动等方面与主体形成对比（图 3-23），从而起到突出、映衬主体的作用。有时陪体也可充当前景和背景（后景）。

（2）陪体可以起到营造气氛的作用。陪体可以渲染环境、烘托氛围，使画面更具生活气息，对主体的叙事起到"托举"作用，形成呼应关系。

（3）陪体可以起到帮助主体表现内容的作用。烘托主体的内涵，使主体更好地表现特征、动作以及思想，辅助观众更准确地捕捉到画面内容，理解画面主题思想。

图 3-23　《山东地方戏曲系列专题片——吕剧》

　　陪体既然处在"配角"的地位，它的位置安排就要以烘托主体为原则，不能在视觉上压过主体，喧宾夺主。在影调明暗、色彩亮度、线条朝向等方面要与主体形成对比（图 3-24），配合主体，两者形成呼应关系。

图 3-24　音乐剧《妈妈再爱我一次》（校园版）

　　在个别情节画面中，如果同时出现主体和陪体，那么两者之间的关系是可以互相转换的，比如说两个人物之间的对话、相互动作等，可以通过人物的走位、摄影机的调度来进行主题和陪体的关系转换。

（三）前景

前景的位置在主体之前，是靠近摄像头的景物。一般在画框下方边角位置，由于光线的原因，前景的色调在画面中偏深；因与摄像机距离近，前景在画面中的成像一般都比较大（图 3-25）。

图 3-25 《山东地方戏曲系列专题片——吕剧》

有时主体也可以是前景，但一般来说都是陪体或场景环境来做前景。前景由于成像大的原因，比较容易吸引观众的注意力，所以在处理时需要特别注意，不能破坏画面的整体性，不能喧宾夺主，要有利于主体的表现，且在线条、影调、色彩等方面都要与主体配合，做到与主体相呼应。在避免画面累赘或过满的情况下，前景也可以不出现。

前景的作用有：烘托和映衬主体，辅助主体叙事，表达中心思想（图 3-26）；展示画面的空间感、纵深感；表达环境特征，渲染环境气氛；与主体在大小、影调、色彩等方面形成强烈对比，加强视觉效果；有一定的装饰性，增强画面美感。

与主体和陪体一样，前景和背景（后景）之间也是可以相互转换的。为了满足叙事的需求，可以通过场面和镜头的调度，来实现前景和背景（后景）的相互转换。

图 3-26　微电影《小时代》

（四）背景（后景）

背景位于主体之后，远离画面中的人或物，是距离摄像机最远的景物。背景主要交代主体所处环境、地理位置、时代特征等，通过影调、色彩、线条结构来渲染和衬托主体，一般在远景和全景这类较大景别的画面中，背景的效果和作用表现得更为明显（图 3-27）。

图 3-27　微视频《惠民绳网》

背景为了能更明显地突出主体，需要与主体形成明显的对比。从色调来说，主体色调深，背景色调就应该浅，主体色调浅，背景色调就应该深。同理，在背景和主体的色彩上有色调的对比、在焦点上有虚实的对比、在运动上有动静的对比。并且为了避免造成背景线条或内容的杂乱，背景的处理应该尽量简洁，在色彩和线条方面简单明了，只留关键信息，将多余的信息从画面中剔除，如此才能将主体映衬出来。

在实际拍摄时，背景大致分为动态背景和静态背景。动态背景指的是主体后运动的景物，比如车流、人流、奔驰的车窗外向后划过的树木等，展现场景环境、渲染气氛，使画面更有动感，更加真实生动。静态背景指的是主体后静止的景物，比如楼房、森林、破旧的墙壁等，有展现环境，渲染宁静或诡异气氛的作用。

二、构图形式的固定规律

在创作的过程中，画面拍摄的意义在于表现画面的主题，而构图就是为了表现主题，将画面中的结构元素进行恰当地安排，最终达到主体突出、布局统一、结构均衡的艺术效果。在上述结构元素的介绍中也有所体现，所有的结构元素都要遵循同样的要求，就是烘托和突出主体，并且这些构图元素的位置，最终都要围绕主体来做合理放置安排，所以主体在画面中的布局尤为重要，这也是画面构图的关键。

长期以来，众多创作者在实践中结合理论，总结出了一些规律性的构图形式，下面概括几种基本的构图形式：

1. 九宫格构图法

九宫格构图也称三分法构图，简单说是把画面横向、纵向各平分成三等份，也叫黄金分割构图（图 3-28）。黄金分割线是一种古老的数学方法，由古希腊的毕达哥拉斯提出："一条线段的某一部分与另一部分之比，如果正好等于另一部分同整个线段的比即 0.618，那么这样比例会给人一种美感。"这一定律被誉为"黄金分割律"。

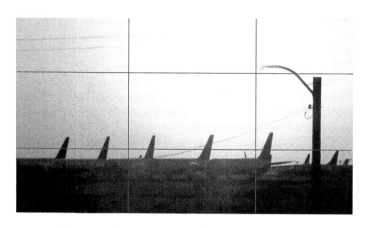

图 3-28 《山东地方戏曲系列专题片——吕剧》

这是最为基本的构图方式，四条线形成四个交叉点，这四个点从人的视觉规律上来说，是画面上最突出和醒目的点，将主体安排在"九宫格"交叉点的位置上（按照人的视觉习惯，右上方位置最佳）。这种构图方式较为符合人们的视觉习惯，使画面更加均衡，九宫格构图法是较为经典的构图方式。

2. 线条构图法

（1）水平线构图

水平线是线条构图中比较常用的方法，水平线能够渲染平稳、安宁、辽阔、舒适的氛围，常用来表现湖面、大海、草原等大场面（图 3-29）。可以配合上述的九宫格构图法，将水平线放在横向三分线的不同位置上。

（2）垂直线构图

垂直线能展示景物的高大，表现画面的纵深感，带给观众庄严、秩序、雄伟的视觉效果（图 3-30）。常用来表现景物的高度和气势，比如森林、峭壁、瀑布、高楼等。

图 3-29

图 3-30　纪录片《河水洋洋》

（3）对角线构图

　　对角线使画面具有动感和活力，可以引导观众将视线延伸到远方，从而起到突出主体的作用。将主体的位置安排在对角线上，能达到凸显主体纵深和立体的效果，常用来表现大纵深的空间，比如水流，建筑，道路等（图3-31）。

图 3-31　纪录片《河水洋洋》

3. 曲线构图法

曲线指的是有规律变化且带有圆弧弯曲的线条，最常用的有 S 形线条和椭圆形线条，S 形线条能给观众带来灵动柔美的视觉感受，可以表现景物的优美曲线（图 3-32）。

图 3-32　纪录片《河水洋洋》

曲线具有延长和变化的特点，能引导观众随着曲线移动，营造画面的韵律感。曲线能够带来优雅的美感，渲染了一种活泼、律动的情绪。常用来表现溪流、曲径、女性身材、山间道路、连绵的山峰等。

4. 对称构图法

对称式构图打破了三分法的构图方法，会将画面上下或左右一分为二，将物品放置在中央垂直平分线上，形成对称的艺术画面，给观众平衡、稳定的视觉感受，如果用来表现人物，则会产生一种严肃、庄重的感觉（图3-33），通常用来表现建筑、倒影等。在使用对称构图法时应注意，将被摄物放在这一位置容易缺乏生气，使用不当反而会显得呆板和僵硬。

图 3-33　纪录片《河水洋洋》

　　上述这些常用的构图形式都有一定的创作依据，服务于人们的视觉规律。不过这些规律并不是必须要遵守的，在拍摄的过程中不能只是单纯的套用形式，创作者根据个人理解寻找更具冲击力和个性风格的视角，但最终都要落脚到突出主体、表达主题思想上。

三、静态构图和动态构图

1. 静态构图

　　静态构图就是用固定摄像的方法表现相对静止的对象或是运动对象暂处静止状态。摄像机的机位固定、拍摄方向固定、镜头焦距固定，以旁观者的视点和视线来看待被摄物所呈现的视觉表现。构成静态构图必须满足以下几个条件：摄像机和被摄物在场景环境中不做位移，被摄物的位置基本不变，在拍摄过程中景别不变，构图的结构不变。

　　静态构图有利于表现被摄物的形态、所处环境，能够比较清楚地交代被摄物与环境的关系；有利于展现人物的神态和情绪，体现情感关系的变化；展示空间距离感；体现静止的主观视线等，从而产生宁静、庄重、沉重、呆板沉闷等视觉感受。

2.动态构图

动态构图指画面中的被摄物和画面结构不断发生变化的构图形式，是区别于图片摄影构图的一种重要构图形式，也是影视剧构图中最常用的构图形式。可以通过三种方式来实现：

（1）摄像机的机位固定、拍摄方向固定、镜头焦距固定，只是被摄物在动。比如人物从远处向镜头走来，或者背向摄像机向画面远处走去，人物的运动使景别发生变化，环境不变，人物形体动作和面部表情都能得到一定展示（图 3-34）。

图 3-34 电影《指环王 1：护戒使者》

（2）摄像机动，被摄对象静止。被摄物静止，摄像机来进行推、拉、摇、移、变焦等运动，构图中心和观众的视觉中心会发生变化，景别有时也会发生变化。在拍摄时注意画面主体要明确，主体始终放在结构中心的位置；摄像机的运动使被摄物的大小、位置、光线、影调都要产生变化，着重注意起幅、落幅的构图，在起幅和落幅时需要有停顿，拍摄过程中不能一推到底，或一拉到底，应该在构图形式较完整和具有美感的画面上做停顿（3-35）。

图 3-35　《山东地方戏曲系列专题片——吕剧》

（3）摄像机和被摄对象同时在动。这是比较复杂的动态构图形式，画面空间环境随摄像机运动发生变化，镜头的动或停止都要平稳。由于摄影机和被摄物都处在不断运动的状态，会使画面的结构元素发生变化，在拍摄过程中需要及时对画面结构进行调整（图 3-36）。

图 3-36　电影《海上花》

动态构图可以全面的表现被摄物的运动过程以及运动的含义，能清晰地表现动态人物的表情，向观众传递人物情绪和心理活动；画面中所有造型元素都在变化之中，对被摄物的表现也是递进式的；在同一画面里的主体与陪体、前景与背景之间的关系，是可以互相转换的；动态构图中运动速度不同，可表现不同的情绪。因此便产生了欢快、多变、动荡、紧张等视觉感受。

四、构图要注意的问题

构图的好与坏往往能决定一部作品的成败。要想创作一部好的作品，除了了解上述构图的基本规律和方法，还要避免出现基础性的、细节性的错误。

（一）重点缺失

在画面布局时考虑如何安排结构元素，其核心问题是突出主体。主体是画面要表现的主要对象，是画面内容的中心，是结构画面首先要考虑的元素。在画面中应始终有重点，才能准确地表明创作者的创作意图和思想感情，没有了重点，画面也就失去了意义。

（二）画面过满

主体画面中所占面积并不是越大越好，需要注重结构元素之间的比例关系，当画面被塞得过满，就会给观众带来压抑感，透不过气。拍摄者可以利用不同的角度，或者利用适当的构图形式，来调整合适的比例配置和空间结构，更好地突出主体。

（三）被摄物紧贴画框

在拍摄人物或者运动物体时，一般来说要在人物朝向或者运动朝向的地方留有更多空间。否则会使主体占满画面，甚至将人物头部紧贴画面上沿，出现"顶天立地"的效果，或者是人物紧贴朝向的边框，观众的视线得不到释放，使画面带有沉闷压抑的效果（图3-37）。

（四）背景复杂

在选择拍摄背景时，要避免背景线条杂乱，景物繁杂的情况，这样会带来杂乱无章视觉效果，并且会分散观众的注意力，影响了主题的表达。需要采取变换机位、虚化背景、遮挡等方法来简化环境。

图 3-37　微电影《真与假》

（五）画面失衡

在构图时如果没有注意画面影调、色调结构的整体性，就会造成画面色彩、气氛不协调，出现左轻右重、左重右轻、上轻下重、上重下轻这些情况，会造成主体与其他结构元素模糊不清，主体不明确，缺乏统一和谐性（图 3-38）。

图 3-38　微视频《党员系列》

（六）喧宾夺主

画面中过多地表现陪体，或者陪体的色彩和形体过于抢眼，会导致观众的注意力分散，将视线重点转移到陪体上，使主体处于次要地位。这会造成画面无法表达创作者想要表达的思想，甚至会导致观众对作品含义的错误理解。

第三节　角度

拍摄角度是构成影视画面构图的基本要素之一，在拍摄过程中，被摄物最终在画面中所呈现的艺术形态，与拍摄角度密不可分。对同一个被摄物进行拍摄，不同拍摄角度的选择，会得到不同的画面效果，并且画面表达的含义也会有所不同。合理巧妙地运用不同的拍摄角度，能够让拍摄素材画面更加充实，影像语言表达更加丰富，有利于后期制作的进行。

在这里所说的拍摄角度主要是指：一、摄影机与被摄物在同一水平面上所构成的角度，即拍摄方向；二、摄影机与被摄物的高度在垂直方向构成的角度，即拍摄高度。

一个被摄物可供拍摄的角度是多机位的，如何选择最佳机位，是拍摄者应首先考虑的问题。拍摄角度对视觉形象的呈现具有重要影响，不同的拍摄角度能够营造不同的环境氛围，隐含着不同的人物信息，给观众带来的视觉表现力也是多样的。创作者对于不同拍摄角度的选择，也在一定程度上体现了影像画面从再现性向创造性的转变，画面中呈现的视觉效果是带有创作者主观色彩的，包含了创作者想通过画面向观众传达的思想情感。

不同的拍摄角度都有不同的特点和解读，但在实际拍摄过程中并不是角度越多就越好，拍摄角度的变化都是有规律可循的。为了避免拍摄角度变化的杂乱无章，创作者要在掌握各种拍摄角度的特点和规律的基础上，表现出对被摄物的态度和情感，这样才能呈现出丰富多彩的视觉效果。

一、拍摄方向与角度

拍摄方向指的是摄影机和被摄物在同一水平面上的相对位置，以被摄物为中心，在被摄物的四周所形成的不同的拍摄方向，主要包括：正面、侧面、斜侧面、背面（图 3-39）。在摄影机与被摄物的距离和垂直方向的角度不变时，不同的拍摄方向会呈现不同的造型效果，会有不同的构图方式。在切换不同角度的过程中，环境意境会发生变化，主体和配体之间会产生转换等情况，所以对拍摄角度的转化，需要谨慎应用。

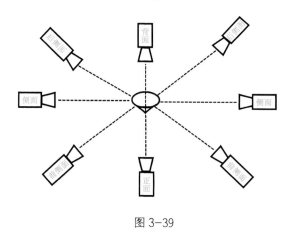

图 3-39

（一）正面

正面角度就是被摄物的正面与摄像机相对形成的角度，通俗的来讲就是被摄物的正前方。

正面方向大多用来表现被摄物的正面特征，可以完整地表现被摄物的外形特征。如果被摄物是人，可以将人物的神情和面部特征完全展现出来，小景别中的人物，还可以表现其脸部细节和细腻的表情。由于观众与人物面对面，甚至是进行眼神交流，更有利于人物情感的表达和传递（图 3-40），并且能够衬托出人物的庄重、肃穆的感觉。正面方向也会用来表现建筑物，有利于渲染平稳、庄重的气氛。

使用正面方向需要注意的是，正面角度不利于展现运动，所以会使画面显得呆板且缺少活力；并且正面的拍摄角度会使画面空间立体感弱，空间纵深感不强，构图显得死板。

图 3-40

（二）侧面

侧面方向就是被摄物的正面方向与摄像机方向构成 90° 直角的拍摄方向。侧面方向可以清晰地展现被摄物侧面的线条，被摄物的视线或朝向都有明确的指向性，若用侧面方向拍摄人物，可以勾勒出人物的侧面轮廓，表现人物的姿态（图 3-41）。侧面方向也常用来表现两个人的对话或情感交流，这样可以兼顾到两者的神情，使两者的地位处于平等的状态，并能够将人物的行为动作、姿态比较完整地展现给观众（图 3-42）。

图 3-41　《山东地方戏曲系列专题片——吕剧》

图 3-42　音乐剧《妈妈再爱我一次》（校园版）

　　侧面角度也有利于展示被摄物的运动和动势，展现被摄物的动作姿态，运动轮廓可以比较完整地展现出来，比如冲刺的运动员、奔驰的汽车、捕食的猎豹等动感较强的物体。

（三）斜侧面

　　斜侧面方向是指摄像机与被摄物形成一定夹角的拍摄方向，通俗来说就是被摄物右前方、左前方、右后方、左后方的方向。

　　斜侧面方向是影视剧中经常用到的拍摄方向，它除了具有侧面勾勒被摄物轮廓形状和展现被摄物动势的特点，还能使被摄物产生大小、远近的纵深感，使被摄物具有明显的透视关系，更具有空间感和立体感（图 3-43）。

图 3-43　纪录片《胶东乳娘》

影视剧中当拍摄两人对话时常用的"过肩镜头"就是用斜侧面方向拍摄的（图 3-44），可以较为明确地交代主次关系，展现主体清晰的手势动作和面部神态。斜侧面方向是比较灵活的拍摄方向并综合了正面、背面、侧面的造型特点。

图 3-44　纪录片《河水洋洋》

（四）背面

背面方向是指从被摄物的背面方向进行拍摄，被摄物与摄影机方向在同一轴线上。主要表现被摄物的外形轮廓，如果被摄物是人，人物的表情完全被摒弃，只能比较含蓄、委婉的通过人物的背影姿态，来传达人物的情绪和内心情感（图 3-45），比如低头、擦泪、缓慢挪动等。有时背面方向更能表达出微妙的意境，观众看到人物的形态和所处环境，会产生更多的想象空间和微妙感受。

背面方向的镜头也会用在惊险、悬疑的片段中，观众看不到人物的表情和面貌，更具有悬念感和紧张感，容易激起观众的好奇心，并结合人物所处环境营造诡异紧张的气氛（图 3-46）。

图 3-45

图 3-46　微电影《锁匠》

　　背面方向的镜头有时也会被用在片尾的最后一个镜头，被摄物渐渐远离镜头，留给观众更多的想象空间和回味余地。人物虽然越走越远，但带给观众的情绪越来越浓厚，情绪一直延续。

二、拍摄高度与角度

　　拍摄高度是指将摄像机通过不同的高度来拍摄被摄物，形成水平线的高低变化。在拍摄方向、距离不变的情况下，拍摄高度的不同，画面上水平线的高低会发生变化，前后景物在画面中的透视关系发生变化，呈现的画面构图也不同。

　　拍摄高度大致分为三种：摄像机与被摄物在同一高度时，称为平拍；摄像机高度低于被摄物时，成为仰拍；摄像机高度高于被摄物时，成为俯拍。三种拍摄角度会形成不同的画面效果和造型效果（图3-47）。

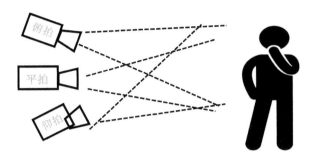

图 3-47

（一）平拍

平拍是指摄像机与被摄物处于同一水平线上的拍摄方式。

　　平拍的视觉效果接近人们日常的视觉习惯，使被摄物不容易变形，能够客观、冷静的观察被摄物，也更显亲近、平等，是新闻、纪录片的典型拍摄角度，也是影视剧中常用的拍摄角度（图3-48）。

图 3-48　纪录片《河水洋洋》

在使用平拍时，尽量避免把平行线放在画面的二分之一处，出现平行线平均分割画面的情况，这样会使画面显得呆板、单调。要充分利用前景，来增强画面的透视关系，使空间更有立体感。

（二）仰拍

仰拍是指摄像机低于被摄物，利用从下往上的拍摄方式，呈现由低向高的仰视效果。这样使被摄物显得高大，具有压倒性，可以高度夸张、突出被摄物。若拍摄人物，镜头会带有崇敬、敬仰的情感，带有创作者的主观色彩，表现了被摄物庄严、伟大、高昂的气势（图3-49）。

图 3-49

使用仰拍镜头时要注意，仰拍画面易使被摄物变形，尤其是拍摄人物时，应该掌握分寸，拍摄出具有冲击力的画面。

（三）俯拍

俯拍是指摄像机高于被摄物，利用从上往下的拍摄方式，呈现由高向低的俯视效果。

这样使镜头有贬低、藐视的意味，被摄物会呈现萎缩、低矮的造型效果，使被摄物带有卑微、渺小、受压迫的感觉，营造压抑、低沉的氛围（图3-50）。

图 3-50 纪录片《河水洋洋》

第四节 影调

影调就是光线的基调，是指影视剧画面中亮度明暗的对比所形成的视觉样式，是由明、暗两者分布面积多少决定的。影调是影视剧画面中最基本的造型因素，被摄物的亮度按照比例关系呈现在画面中，在拍摄时要善于运用影调来塑造作品的造型风格。当画面上明亮的区域比重较大时，称为高调；灰暗的区域比重较大时，称为低调。除这两个调子之外，还会形成硬调、软调、中间调等影调形式。

在实际拍摄过程中，通过拍摄角度、光线运用、曝光控制等手段创造出不同的画面明暗对比，从而制造情调、传达情绪，帮助创造者抒发思想感情。当画面内容凌乱繁杂时，为了避免画面主次的模糊和混淆，可以通过影调的对比来突出整体。

在影视剧中，影调主要体现在两个层面上：一个是在独立的画面中，一个是在整部影片中。

一、单个画面的影调

先从独立的画面开始说起，画面呈现出来的层次越多越丰富越好，影调显示出的明暗等级越多越好，而通过对影调等级和明暗面积对比的运用，最重要的目的就是为了突出主体，处理好画面中被摄物的对比关系，从而达到主次分明的效果。

主体与背景的影调对比。亮的主体用暗的背景来衬托，暗的主体用亮的背景来衬托，主体与背景在亮度上要有明暗对比，有所区分，主体的轮廓才能得到更清晰地呈现（图3-51）。若主体与背景亮度一致，两者就会混为一体，需要有能将主体突出的、或明或暗的轮廓线。只有将主体利用影调反衬出来，才能使主体更突出、更鲜明地在画面中呈现。

图 3-51　纪录片《河水洋洋》

主体与陪体、周围景物的影调对比。当主体与陪体同时出现在画面中时，陪体需要衬托主体，主体和陪体要有所区分（图3-52）。

图 3-52　纪录片《河水洋洋》

　　画面的前景与背景的影调对比。画面的前景与背景的影调对比主要起到一个辅助作用，在主体利用影调突出后，前景与背景的影调对比使画面更有纵深感，前景亮而背景暗，前景暗而背景亮，进一步加强了画面的空间感（图 3-53）。

图 3-53　纪录片《河水洋洋》

二、整部影片的影调

　　影调不只体现在单一画面中，还体现在整部作品中，也就是指影片的画面基调。它的确立比单一画面影调的确立更为重要，画面基调会为影片确定一个总的情绪基调，会给观众留下一个总印象。

画面基调是指影视剧中贯穿全片或大段落中的主要影调倾向，使整部片子影调风格统一和谐，能够表达影片的主题思想。在上面也提到过，画面大体分为高调、低调、硬调、软调、中间调这几种影调形式，影调形式的区分，主要通过画面中从亮到暗的影调之间层次的过渡。

1.高调（亮调、明调）

高调是指在画面中明亮的部分居主体，大量运用白色等偏亮偏白的色调，给人以明快、清晰的感觉，能够将被摄物清楚地呈现在画面中以亮景物为背景，画面立体感不强（图3-54）。

图 3-54　微视频《惠民绳网》

2.低调（暗调、深调）

低调是指在画面中黑暗的部分占据主体，大量运用深灰和黑色等偏黑偏暗的色调，给人一种凝重、压抑的感觉，主要用来表现夜景等黑暗的场景，以深色或暗色景物为背景，有很多情况采用逆光拍摄，照明采用低照度光源。

当影片或片段暗背景占比较大时，说明这个影片或片段的画面基调为低调，此时画面中小部分的亮处更显突出，低调为影片或片段渲染凝重沉闷的情感氛围。在纪录片《河水洋洋》中，有一段剧情是讲述夜晚滩区百姓分房子的故事，群众对故土的眷恋，乡情与乡愁交融，充满了怀旧的浓重的感情色彩（图3-55）。

图3-55　纪录片《河水洋洋》

3. 硬调

硬调是指明暗差别显著，黑白对比强烈，被摄物的亮暗层次少，缺乏过度、反差大的画面，给人粗犷、硬朗的感觉。硬调不容易体现出主体的细节质感，比如说剪影，就是典型的硬调。硬调画面呈现的效果是明暗差别大，被摄物层次少，当背景亮、主体暗时，主体的轮廓能够得到清晰的呈现，在逆光拍摄时就能出现这种画面效果（图3-56）。

4. 柔调（软调）

柔调是指黑白对比关系弱，画面中没有最亮或者最暗部分，反差小，中间过渡层次丰富的色调，给人柔和、细腻的感觉（图3-57）。柔调画面能够表现被摄物的细节和质感，但不善于表现大场面、大纵深的场景。在柔调画面中，被摄物的界限被模糊化，明暗层次不够丰富，应选取影调层次比较丰富的景物进行拍摄。

图 3-56 纪录片《河水洋洋》

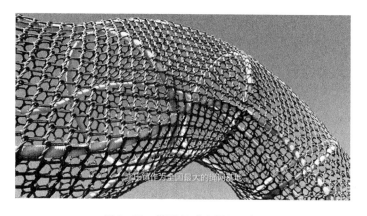

图 3-57 微视频《惠民绳网》

5. 中间调（标准调）

中间调是指明暗兼备，层次上亮暗均匀，反差适中，色调层次丰富，是影视剧中最常用的影调形式。在中间调画面中，从最亮到最暗的被摄物，以及两者之间的中间过渡层次（深灰、灰、浅灰）都能体现出来，且分布均匀，形成比较饱满的画面视觉效果，具有明显的透视感（图 3-58）。

中间调是最接近人们日常生活中视觉感受的影调形式，不像高调或低调带有作者主观性的情绪色彩，但依然不能忽略主体的突出，需要将主体的硬调在背景影调中进行区分。

图 3-58　纪录片《河水洋洋》

通过对影调的控制和安排，能够呈现出更具欣赏性的画面，更好地奠定画面基调，塑造人物形象，烘托影片主题，起到表意的作用。但影调的使用一定要有秩序、不凌乱地融入到画面中。

第五节　运动

影视剧中的运动包含两个方面，一个是画面内的运动，即演员在场景中的调度；一个是画面外的运动，即摄影机的调度。本节着重讲的是画面外的运动——摄影机的运动。

摄影机的运动也就是运动摄影，即运动镜头。通过摄影机机位的变动和焦距、光轴的变动，从而形成连续、运动的画面，丰富了造型形式，增强了画面的动感，有利于叙事时空的完整性，增强了影片的真实性，也是摄影艺术区别于其他艺术门类的关键。

按照摄影机运动方式的不同，具体可分为推镜头、拉镜头、摇镜头、移镜头、跟镜头等。

一、推镜头

推镜头（推）是指摄像机向被摄物推进，或者变化镜头的焦距，使画面的景别发生由大到小连续变化的拍摄方法（图3-59）。

摄像机机位变化和镜头焦距的变化都能够将大景别转化为小景别，明确主体目标，使主体由小变大、周围环境由大变小。但两种拍摄方式也会呈现不同的画面效果。

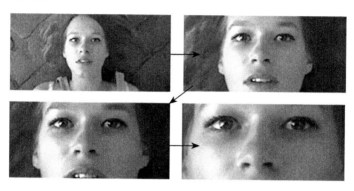

图3-59　电影《罗拉快跑》

摄像机机位的变化，使物距发生变化，视点也随之发生变化，从而画面空间的透视关系也随之发生变化，摄影机逐渐接近目标，与人们日常的视觉习惯相似，有运动透视感。而焦距的变化使物距不变，视点也不会变，从而画面空间的透视关系也不会变，与人们日常的视觉习惯不同，画面呈现出的运动效果较生硬，没有运动透视感。

（一）推镜头的作用

（1）明确主体目标，突出主体和细节。推镜头在镜头推向主体或细节时，拍摄范围逐渐缩小，次要部分不断被移出画面之外，主体或细节在画面中由小变大，引领观众将视线锁定到主体或细节上，最后的落幅画面使主体或细节停留在画面视觉中心位置，从而将主体或细节从全局中突出出来。

（2）介绍整体与局部、客观环境与主体人物之间的关系。推镜头是由大景别推向小景别，说明推镜头的起幅画面一般为大景别，能展现人物所处的环境空间。随着镜头的推进，主体被突出，整个过程流畅连续，既能交代整体与局部、环境与人物之间的关系，又能使空间具有整体感、连续感。

（3）突出人物表情，渲染人物情感。当镜头逐渐推向人物面部表情时，人物脸部的细微变化会清晰地展现给观众，画面的情绪得到不断地强化，拉近人物与观众的内心，渲染人物情感，展现人物的内心世界。

（二）拍摄推镜头的注意事项

（1）推镜头的主体要明确。在推镜头中，推的目标必须要明确，并且在推进的过程中，要保证主体始终在画面结构的中心位置，在画面中突出主体形象、突出重点或者细节部分。

（2）推镜头的重点在落幅。推镜头落幅画面的内容和构图一定要严谨、完整、饱满，要有明确的设计，将主体放在落幅画面的构图中心位置。另外需要注意的是，落幅与起幅画面要有景别的变化，两个画面景别不能太过接近。

（3）推镜头的速度要与画面的情绪和节奏相统一。镜头推进的速度快时，画面情绪会有紧张、急切的感觉；镜头推进的速度慢时，画面情绪会比较平静，有时会有低沉、肃穆的感觉。当画面中的被摄物在运动时，镜头推进速度和被摄物运动速度一般成正比。

（4）推镜头在推进的过程中要保持匀速、平稳。推镜头的起幅和落幅画面要平稳，避免镜头的晃动。

二、拉镜头

拉镜头（拉）是指摄像机远离被摄物，或者变化镜头的焦距，使画面的景别发生由小到大的连续变化，与被摄物拉开距离的一种拍摄方法。拉镜头与推镜头的运动方向相反（图3-60）。

图 3-60　微电影《真与假》

摄像机机位变化和镜头焦距的变化都能够将小景别转化为大景别，都能形成视觉后移的效果，由一个主体开始拉出，使被摄物由大变小，周围环境也由小变大。但两种拍摄方式会呈现不同的画面效果。

摄像机机位发生变化，镜头的焦距不变，物距发生变化，那么视点也随之发生变化，从而画面空间的透视关系也发生变化，摄影机逐渐接近目标，与人们日常的视觉习惯相似，视觉上有远离某处的感觉，有运动透视感。而焦距的变化使物距不变，视点也不会变，从而画面空间的透视关系也不会变，且与人们日常的视觉习惯不同，画面呈现出的运动效果较生硬，没有运动透视感。

（一）拉镜头的作用

（1）表现主体与主体所处空间环境的关系。拉镜头是由小景别拉向大景别，说明拉镜头的落幅画面一般为大景别，能展现人物所处的环境空间，连贯地表现了起幅时人物的形象和落幅时人物所处的环境，体现了画面主体与所处环境的关系。

（2）体现纵向空间上画面之间的联系，形成对比、反衬等效果，从而构成情节。拉镜头是一种纵向空间变化的形式，起幅画面为纵深处的主体，包含的信息单一，随着镜头的拉开，景别逐渐变大，越来越多的造型元素出现在画面中，使纵向空间上的物体构成情节线，一前一后的两个画面形象形成对比、隐喻、反衬等关系。

（3）调动观众的猜测，镜头运用意想不到。拉镜头从起幅画面开始不断地丰富取景范围和表现空间，画面视觉元素相应地增加，新的组合会带来新的联系、新的意外，拉镜头的起幅画面是被摄物的局部，引起观众的想象、推测或期待，随着镜头逐渐拉开，被摄物的整体呈现出来，观众的求知欲得到满足，并且可能会出现意向不到的画面，调动了观众视觉和心理的起伏。

（4）作为影片的结尾或片段的结束镜头。拉镜头使景别由小变大，使主体呈现出远离或缩小的效果，观众的视觉重点被分散，画面节奏也由紧到松，观众的情绪也趋于冷静和客观，有一种结束感、退场感，使感情留有余韵，所以拉镜头往往用在影片的结尾或者片段的结束镜头。

（二）拍摄拉镜头的注意事项

拉镜头与推镜头除了在运动方向上有所不同外，两者有很多相似的地方，拍摄时的注意事项也大致相同：拉镜头的速度要与画面的情绪和节奏相统一，拉镜头在拉的过程中要保持匀速、平稳。除此之外，拉镜头的重点在起幅画面，在拍摄的过程中也需要保持主体在画面的结构中心位置。

三、摇镜头

摇镜头（摇）是指摄像机的机位不变，视距不变，通过三脚架上的活动底盘或者拍摄者自身的运动，使视轴发生变化的运动方式（图3-61）。摇镜头呈现的视觉效果就像人转动头部环顾四周，或者将视点由一点转向另一点，在影视剧中是最常见的运动摄影方式。

图 3-61　纪录片《家味》

　　摇镜头的视点是在镜头摇的过程中持续运动的，从起幅到落幅的过程中，观众不断变换着视觉注意力；并且摇镜头场景空间中的视觉元素和形象，也是在镜头摇的过程中持续出现的，是由起幅、摇动、落幅三个部分连贯起来的，所以摇镜头所呈现出的空间在视觉上更为完整、客观和真实（图 3-62）。

　　摇镜头的机位虽然不会发生变化，但摇镜头的运动形式是多种多样的，比如水平摇（横摇）、垂直摇（竖摇）、斜摇等，不同形式的摇镜头带来了不同的画面语汇，其速度的不同也能带来不同的画面节奏和情绪，具有不同的表现意义。

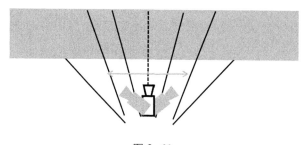

图 3-62

（一）摇镜头的作用

（1）将画面向四周扩展放大视野，展示空间。摇镜头能够突破画面框架的限制，增强了空间表现力，展示大空间，包含了更多的视觉信息，可以用来介绍环境，交代故事或事件发生的空间特征。同时能够通过不同的运动形式，完整连贯地呈现体型较大的被摄物全貌。

（2）用小景别出大效果。当运用大景别来展现被摄物全貌时，被摄物的细节就会得不到呈现，此时利用小景别将被摄物充满画面，其细节部分得到展示，通过镜头的摇动，展示被摄物的全貌，就能达到展示被摄物全貌的同时又体现细节的效果。

（3）介绍、交代同一场景空间中的两个或多个事物之间的内在联系。将两个或多个性质、意义相近或相反的事物，通过摇镜头排列联系起来，能够产生并列、对比、隐喻、因果的关系。这种拍摄方式使关系的交代更加具有真实性、客观性。

（4）表现运动主体的动态、动势和运动轨迹。比如通过跟摇镜头记录奔跑的运动员，能够完整的记录运动员的动作、运动方向等；也可通过小景别来表现运动员在运动过程中的表情变化，体现运动员的情绪、状态等。

（5）模拟剧中人物的主观视线。当一个镜头表现人物观察、环视四周，下一个摇镜头表现的就是人物所看到的空间，这便是人物的主观视线。另外，当摇镜头从人物的身上摇走，摇向人物所看到的空间方向，此时的摇镜头也代表了人物的主观视线。这种模拟人物主观视线的摇镜头，能够使观众有代入感，强调了空间的同一性和真实性。

（6）运用摇镜头实现转场。通过空间、被摄体的转换，引导观众的视线从一个场景空间转换到另一个场景空间，转移观众的注意力和兴趣点，从而做为转场镜头。

（二）拍摄摇镜头的注意事项

（1）摇镜头的目的性要明确。摇镜头的运动要使观众的视点持续性的发生改变，所以在运动的过程中每个环节都要有设计，目的性要强，避免画面没有内容没有重点，否则这就是失败的摇镜头。

（2）摇镜头的摇动过程要完整、均衡。在摇镜头的过程中，一定要做到三点：匀，指摇摄速度要均匀；稳，指画面运动要平稳，避免出现晃动；准，指起幅和落幅要准确。在摇的过程中，随着被摄物的变化，画面的构图结构也要随之产生变化。

（3）摇摄的速度快慢不同，会形成不同的节奏和情绪。摇镜头的摇摄速度要与画面的情绪发展相对应，内容画面凝重、忧郁时，摇速相对慢些；画面内容客观、冷静时，摇速相对适中；画面内容兴奋、紧张时，摇速相对快些。

四、移镜头

移镜头（移）是指将摄像机架在可以活动的工具上，通过徒手或借助辅助设备让摄像机一边移动一边进行拍摄的镜头（图3-63）。移镜头使画面内的被摄物会呈现位置不断移动的态势，与人们日常的视觉效果相似，就像人们边走边看或在移动的交通工具上形成的视觉感受。

图 3-63 《山东地方戏曲系列专题片——吕剧》

移镜头的画面空间除了是连贯、完整的变化之外，还能构成多景别、多角度的视觉效果。与摇镜头相比，移镜头还打破了纵深空间的束缚，使空间大范围拓展，更有运动的透视感（图3-64）。移镜头的运动形式也是多种多样的，包括横移、前移、后移、曲线移。

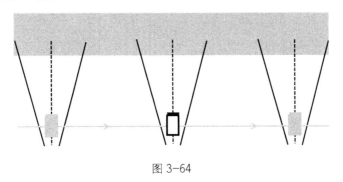

图 3-64

（一）移镜头的作用

（1）开拓画面的造型空间，使空间更加立体。移镜头打破了平面和框架的限制，通过横移、前移和后移开拓了画面的横向空间和深度空间，能够表现大场面、大纵深的空间，展现多景物、多层次的复杂场景，表现全方位的造型效果。

（2）能够更自然生动地模仿剧中人物的主观视线。与摇镜头不同的是，移镜头能呈现出边走边看的效果，能够为观众带来参与感和现场感。

（3）建立画面内视觉形象的关系。移镜头能在摇镜头的基础上，进入到场景内部，通过更大范围的运动，体现更大的空间范围，从而交代画面内事物之间的内在联系。

（二）拍摄移镜头的注意事项

移镜头拍摄与其他运动镜头的注意事项相似，在拍摄的过程中都要注意主体的明确和突出，拍摄的画面要动感并且平稳，在移的过程中，随着被摄物的变化，画面的构图结构也要随之产生变化。

五、跟镜头

跟镜头（跟）是指摄像机始终跟随运动中的被摄物一起运动而进行拍摄的镜头（图 3-65）。跟镜头的画面始终跟着被摄主体，与被摄物的距离基本不发生变化，将被摄物的运动过程、动势和方向都能够连贯完整地记录下来，主体的位置和景别在画面中也相对稳定。跟镜头大致分为前跟（摄影机在被摄物的前方）、后跟（摄影机在被摄物的后方）、侧根（摄影机在被摄物的侧面）三种形式。

图 3-65　微视频《党员》

（一）跟镜头的作用

（1）连续且详细地表现被摄主体的运动形态和神态。跟镜头的镜头运动速度与被摄物的运动速度保持协调一致，运动的被摄主体在画框中的位置和面积处于相对稳定的状态，观众能够比较清晰地看到被摄物运动过程中的动势、体态甚至是面部表情。

（2）通过人物引出环境。跟镜头跟随被摄主体一起运动，画面的背景环境是在不断变化的，有利于通过被摄主体引出环境，主要通过侧跟和后跟两种方式。侧根是指摄像机在被摄主体的侧面，通过进行横移将空间环境引出。

后跟是指摄像机跟在被摄主体的背后，通过被摄主体的带动进入场景环境，此时观众和被摄主体视点相同，使画面更有主观性，带给观众更强烈的现场感和参与感。

（3）有跟随记录的表现形式。跟镜头有着重要的纪实意义，使画面呈现出客观记录的效果，带领观众成为事件、人物、场面的旁观者。

（二）拍摄移镜头的注意事项

由于机位的运动，画面容易造成晃动、不平稳的情况，所以在拍摄的过程中多采用短焦距镜头进行拍摄。并且在拍摄的过程中，一定要跟上被摄主体，使摄主体始终在画面结构的视觉中心位置。

第四章

微视频镜头设计与创作案例解读

第一节　镜头画面的叙事类型

影视剧镜头画面是影视剧最基本的叙事单位，是一部影视剧的基本构成单元。每一部影视剧都由一个个镜头组成，无数的镜头画面进行排列组合，由关系镜头、动作镜头、渲染镜头组成。

一、关系镜头

关系镜头又称场景主镜头、交代镜头、空间定义镜头、贯穿镜头或整体镜头。关系镜头一般是以全景镜头——大远景、远景、大全景、全景景别为主。

关系镜头的作用是交代场景中的时间、环境、地点、人物关系及规模、气氛，表现人与环境之间的关系，数量众多的被摄物位移，被摄物的运动过程及结果。同时关系镜头还能对观众造成视觉舒缓，强调环境意境，与小景别剪辑在一起可以形成节奏的间歇过渡（图4-1）。

图 4-1　微电影《小时代》

关系镜头在整部作品中的比重一般占 5%~10%，如果作品中的关系镜头过多的话，会增强影片的写意效果，使影片视觉节奏变慢，改变了其叙事风格和视觉风格。因此，在拍摄的过程中，创作者要对拍摄的关系镜头的数量、光线、构图、影调、气氛等方面有一个宏观的把控。

二、动作镜头

动作镜头又称局部镜头、小关系镜头、叙事镜头，景别以中近景及近景系列——中近景、近景、特写、大特写为主。主要用来表现人物的情绪、反应、对话，除了再现人物的动作过程、动作方式和动作结果，还能强调人物的动作细节，表现被摄物之间的位置关系（图4-2）。

图 4-2　创意广告《kaka 口红》

动作镜头在整部作品中的比重一般占 60%~80%，如果作品中动作镜头过多的话，会增强影片的视觉冲击力，使影片具有纪实风格，当影片中人物之间有大段台词时，会延缓影片节奏，此时将动作镜头插入到其中，就能改变影片的叙事节奏。因此，在拍摄的过程中，创作者可以多拍摄一些动作镜头，以便在后期剪辑时对于影片的剪辑、叙事等提供更多的可能性。

三、渲染镜头

渲染镜头又称为空镜头，空镜头没有特定的景别，其景别是由镜头内容的要求和前后镜头视觉上的变化要求所决定。

渲染镜头多用来减弱叙事效果、调整视觉、调整情绪、强调风格（图4-3）。渲染镜头起到对叙事本体、影片场景、动作及主题的暗示、渲染、象征、夸张、比喻、拟人、强调、类比等作用。

图4-3 纪录片《胶东乳娘》

渲染镜头在整部作品中的比重一般占5%~10%，如果作品中的渲染镜头过多的话，影片会更具情感色彩，具有写意风格。在拍摄的过程中，渲染镜头是与场景或人物有直接或间接联系的景物，创作者通过渲染镜头进行叙事、情绪、风格、视觉的调整。

第二节　拍摄时的镜头画面设计

一、人物对话镜头

1.直线构图排列

轴线是指由被摄物的视线方向、运动方向和相互关系形成的一条假定的直线。当两个人对话时，轴线会以两个被摄人物的视线走向为基础，穿过两人头部的线就被称为轴线（图4-4）。

轴线将空间分成两个区域，在拍摄时需要注意的是，摄像机不能从轴线的一侧直接切换到另一侧（图4-5），否则会使两个被摄物在画面中没有固定的位置，造成空间关系的错乱，就是平常所说的"跳轴"。

在拍摄过程中，应该将摄像机机位架在轴线的同一侧（图4-6），此时拍摄的画面空间关系就不会让人感到迷惑。

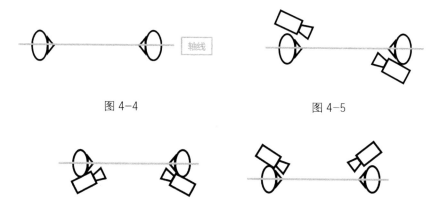

图 4-4　　　　　　　　　　　　　图 4-5

图 4-6

2. 三角形机位

在轴线的一侧有三角形的三个顶端位置，三个顶端分别代表三个摄像机机位，接近轴线的两个机位分别拍摄两个被摄对象，另外一个则拍摄两个被摄对象的全景或中景（图 4-7）。

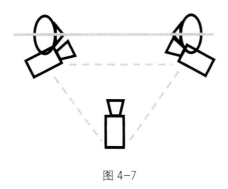

图 4-7

三角形机位包括：内反拍，指处于轴线平行线上的两个摄影机，架在两个被摄对象的背后，使两个演员都出现画面中，形成"过肩镜头"，是常用的展现两人对话场景的拍摄方式；外反拍，指处于轴线平行线上的两个摄影机，架在两个被摄对象之间，靠近轴线，但并不表现被摄对象视点的拍摄方式；平行位置，两个摄影机平行，分别对两个被摄对象的正侧面进行拍摄（图 4-8）。

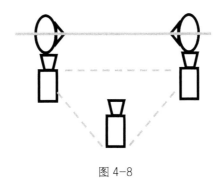

图 4-8

3. 直角构图排列

当演员肩并肩形成直角位置时，摄影机的视点在三角形的边上，两个摄影机构成直角关系（图4-9）。

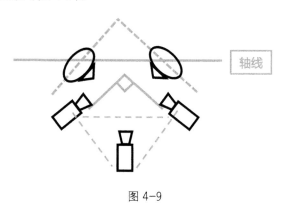

轴线

图 4-9

以上所有的摄影机机位和被摄对象位置安排方法，除了可以表现两个被摄对象静态的对话，而且还能够表现两个被摄对象在画面中的运动，并且空间关系清晰明了，不会出现空间错乱的情况。

当然，如果被摄对象一直在同一条轴线上，会使镜头表现单一、死板，所以可以借助一些方法进行越轴：①插入其中一个被摄对象的主观镜头或者视线变化镜头，利用其主观视线引导观众观察事物，从而缓解跳轴的感觉；②运用运动镜头越轴，通过摄影机的运动，直接使摄影机越过轴线，从而形成新的轴线；③利用特写镜头就是动作镜头来越轴，可以将观众的注意力转移到特写画面上，避免产生跳轴感；④利用远景镜头或全景镜头也就是关系镜头，在这类镜头画面中，主体的动感减弱，主体不明显，可以将观众的注意力分散，也可避免产生跳轴感。

二、人物运动镜头

沿被摄对象运动方向的一条放射线为方向轴线。方显轴线两侧各存在两个180°总角度。被摄对象需始终向画面同一个方向运动，才能确保画面运动的连续性（图4-10）。

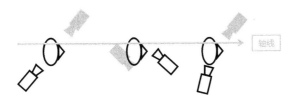

图 4-10

运动的被摄对象出画入画时一定要注意，人物从画面右边出画，就要从画面左边入画；人物从左面出画，就要从画面右边入画（图 4-11）。

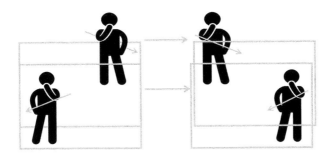

图 4-11

在创作的整部作品中，镜头画面的排列就是由关系镜头、动作镜头、渲染镜头这三类镜头组成的，创作者应该通过合理安排三类镜头在整部作品中的比重和画面设计，塑造出需要的影片主题、场景条件和叙事风格。在后期剪辑的过程中，要注意三种类型镜头的对接，需要将其进行交错排列，不能出现同类型的镜头长段地并排使用。

第三节　微纪录片《延艺人》创作解读 *

随着时代的发展，国家越来越重视对于传统文化及非物质文化遗产的保护和挖掘，基于这一现状创作了《延艺人》这一关于年轻人对于非物质文化遗产保护的人物专题片，一是为了呼吁当下的年轻人对于非物质文化遗产的保护；二是对 Canon 6D 和 Canon80D 机型的微纪录片创作成像实践。

时至现代，单反不仅仅只是拍照摄影的工具，有许多的电影、微电影的主机型都是单反、微单这样便于携带和操作的机器，并且也拥有众多的镜头组，画质及成像也是顶级的。

本期将结合作者亲自创作的《延艺人》人物专题片，讲解一下短纪录片的影像表达及剪辑叙事技巧。

机器类型：Canon6D　镜头：24-105　70-200

Canon80D 镜头：18-135

一、相机的选择与技术调整

首先从选材开始，选好题材之后，需要根据选定题材的背景和想要表达的情绪定下片子的基本情感色调。像《延艺人》这样既表现非物质文化遗产又体现年轻人态度的片子，那么片子的定位就是偏暖的，高饱和的基调。也正因为 Canon 的机型本身就是饱和度较高，所以符合对片子的要求（图 4-1 至图 4-4）

＊案例提供：徐敬哲。

图 4-1 至图 4-3

　　Canon6D 与 Canon80D 虽然说都是佳能的产品，但是一个是全画幅的机器，一个是残画幅的机器，所以说感光元件的单一，造成了画面成像上的偏色和饱和不足。因此在采访的过程中画面是用双机位拍摄完成的，其中主机位用 Canon6D 侧机位用 Canon80D 拍摄，室内布光运用三点布光法。但是在拍摄中发现两个机位存在着偏色，且 80D 的画面非常"硬"光的处理没有 6D 柔和，便将 80D 的色温调高了 200K，饱和度 +3，反差 -2，锐度 +2。但是因为机型的原因，画面还是存在着高光和阴影过渡较硬的问题（图 4-5 至图 4-6）。

图 4-5	图 4-6
注：光圈：6.3；快门：60/1s；iso：400。	注：光圈：5.6；快门：50/1s；iso：320。

二、运动镜头及长镜头的应用

在片子的开头使用了一组长达 30s 的运动长镜头，因为长镜头可以真正还原被拍摄人物的一系列动作使观众充分了解环境，人物，动作的时间。通过三脚架作为辅助拍摄工具完成这一动作流程，这样可以增加画面运动的稳定性，但是在运动的时候还要注意灯光的使用，要做到灯光和相机的运动配合，又不能让观众有所察觉，这就要看灯光师和摄像师的默契配合（图 4-7 至图 4-9）。

图 4-7

图 4-8

图 4-9

注：光圈：4.0；快门：50/1s；iso：800；饱和：+2；锐度：+1；反差：-1。

运动镜头的运用可以增加影片中的动感，使画面不再是一个一个固定镜头的剪切，保留其动作的完整性。可以通过滑轨、轨道和三脚架这样的辅助工具完成运动镜头地拍摄，这样也能体现一定的镜头美感，也可以作为一种抒情式的语言（图 4-10 至图 4-13）。

| 图 4-10 | 图 4-11 |

| 图 4-12 | 图 4-13 |

注：光圈：5.6；快门：60/1s；iso：500；饱和：+1；锐度：+1；反差：+2。

　　在运动镜头中也包含着特殊视角的运动镜头，虽然在片子中仅用到短短几秒，但是这样的镜头也是起到交代环境的作用，可以体现出铜瓷这一传统手艺所需要的工具之多（图 4-14 至图 4-17）。

| 图 4-14 | 图 4-15 |

注：光圈：4.5；快门：50/1s；iso：400；饱和：+2；锐度：+1。

 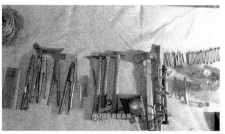

图 4-16   图 4-17

注：光圈：5.6；快门：50/1s；iso：400；饱和：−1；锐度：+2；反差：+2。

三、大景别画面的设计

像本片所突出的非物质文化遗产的手艺，少不了会运用到大的景别来给观众最细致的表达，拍摄越为细致，观众的带入感就越强，越能体现出对于传统文化保护的重要。大景别的运用一是对于被采访的人物，二是关于这种传统手艺。对于大景别的拍摄，需要注意以下几个问题：第一，在正面拍摄人物的面部表情时，一定要用手机光或者拿一张 A4 纸来补一下眼神光，这样会使人物的眼睛非常具神，也有助于情感地带入；第二，在拍摄大特写的动作或者物体时应该注意焦点的位置，如果有变焦的运动，一定要事先试验几次，使变焦的过程尽量流畅，这样也有利于画面的美感（图 4-18 至图 4-21）。

图 4-18   图 4-19

注：光圈：5.6；快门：60/1s；iso：500。   注：光圈：4.0；快门：100/1s；iso：800。

图 4-20   图 4-21

注：光圈：4.0；快门：60/1s；iso：500。

剪辑思路：

（1）开头：烹茶看书的长镜头分为三个段落——取茶，泡茶，温书。伴随带着海浪潮汐声的古曲，"延艺人"三字在段落中间淡出。表现出人物性格，确定影片风格；人物面部停留较短时间，留下大致印象（图 4-22、图 4-23）。

图 4-22   图 4-23

（2）自我介绍部分：连续快切几组不同景别的工作镜头，加上脸部特写，丰富人物形象。

（3）拓片部分：尽量展现主要的拓片步骤、手法，特写人物专注地神态，穿插与学生地指导互动，表现人物的传承精神。

（4）文遗难题部分：展现锔瓷主要步骤，表现出文遗技艺的繁复和精致，激发观众对文遗技艺的关注和热情。

（5）现状与未来：通过查看实验室，学习、长久地凝视非遗手工艺品橱窗等镜头，表现人物对文遗的热爱，以及保护与传承的决心。

在按照脚本进行的基础上可以进行适当地改动，比如让拓片的声音单独回响一段时间，比如整体节奏的调整和适时的留白。

第四节　微电影片《再见，来不及握手》《终点的距离》创作解读 *

《再见，来不及握手》和《终点的距离》都是小型爱情文艺片，讲述的也都是青年男女由相识、相恋到分别的爱情故事。器材以佳能 60D 和佳能 5DⅢ 为主。

机器类型：Canon 60D，镜头：18-135；Canon 5DⅢ，镜头：24-70。

一、相机的选择与技术调整

拍摄前，首先要结合创作题材、影片风格、场景设计等因素选取相机和镜头。《再见，来不及握手》和《终点的距离》这两部微电影都属爱情文艺片，拍摄环境也大都在室外，采用的相机分别是佳能 60D 和佳能 5DⅢ。

佳能 60D 的全高清视频功能，能够实现较为丰富的视觉效果。在微电影《再见，来不及握手》中，全剧都是采用的佳能 60D，镜头 18-135（图 4-24 至图 4-26）。

图 4-24

---

* 案例提供：李俊俊、丛一凡。

图 4-25

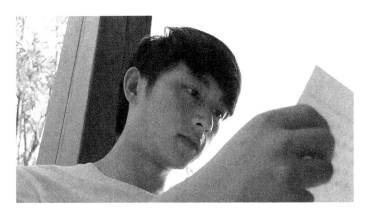

图 4-26

　　拍摄前，先进入相机的视频拍摄设置界面。佳能 60D 的视频格式是 MOV，根据影片风格与剧情需要，在相机的设置里调节好白平衡、光圈、速度、感光度、锐度、反差、饱和度等。与佳能 5DIII 相比较，佳能 60D 的锐度和色彩饱和度明显不足，本片室外拍摄部分的锐度大都为 2，饱和度 +1，光圈 5.6，快门速度大都在 1/50s 至 1/30s 之间。这部片子的拍摄天气基本是晴天，室外感光度（ISO）大都为 100。

　　佳能 5DIII 在对焦和高清摄像方面进行了优化升级，能够在全自动对焦模式下进行高清视频的拍摄。在微电影《终点的距离》中，采用的相机就是佳能 5DIII，镜头主要由 24-70 完成（图 4-27 至图 4-30）。

图 4-27   机型：Canon 5DIII

注：镜头：24-70；光圈：F3.5；锐度：0；反差：+1；饱和度：+1；
感光度：200；快门：1/30s。

图 4-28   机型：Canon 5DIII

注：镜头：24-70；光圈：F8；锐度：0；反差：-1；饱和度：+1；
感光度：300；快门：1/30s。

图 4-29   机型：Canon 5DIII

注：镜头：24-70；光圈：2.8；锐度：0；饱和度：+1；反差：-1；
感光度：100；快门：1/30s。

图 4-30　机型：Canon 5DIII

注：镜头：24-70；光圈：5.6；锐度：0；反差：-1；饱和度：-1；
感光度：200；快门：1/30s。

二、运动镜头的拍摄

与专业摄像机相比较，无论是手持感受，还是运动的舒适度、精准度方面，单反相机在摄像的操作功能上有着先天的不足。单反相机的手柄、轮盘和按钮的设计分布，主要是便于摄影师能更稳地拍摄静态图片。近几年，随着相机视频功能地开发应用和普及，为方便摄影师更好地进行动态摄影，器材商也提供了相应的组装部件，比如稳定器、跟焦器、遮光斗、手提把手、双手手柄等。经过改造的单反相机在操作手感和使用功能上几乎可以跟专业摄影机相媲美（图 4-31）。

图 4-31

图 4-32 至图 4-37 表现的是《再见，来不及握手》中男女主人公分别时的一场戏。男生一边叮嘱女生要好好照顾自己，一边拿下随身背包交给女主人

公。在这里设计了一个连贯的运动镜头，从男生满脸的不舍到脱下背包，过肩镜头摇到了俩人拿包时碰触的两只手。连贯的运动镜头，配以女主人公的反打镜头，含蓄地表现了俩人离别时的不舍心情。

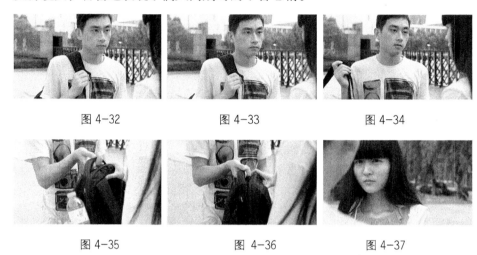

图 4-32　　　　　　　图 4-33　　　　　　　图 4-34

图 4-35　　　　　　　图 4-36　　　　　　　图 4-37

注：镜头：18-135；光圈：5.6；快门速度：1/50s；ISO：100；饱和度：+1；锐度：2。

图 4-38 至图 4-44 表现的是少男少女初恋时的美好记忆。河边、夕阳下，舒缓的音乐、轻摇慢动的画面，伴随着男女主人公交流互动的身影，这样的镜头设计烘托了年轻情侣间美好的初恋情感。

图 4-38　　　　　　　图 4-39　　　　　　　图 4-40

图 4-41　　　　　图 4-42　　　　　图 4-43　　　　　图 4-44

注：镜头：18-135；光圈：8；快门速度：1/30s；ISO：300；饱和度：+1；锐度：2。

三、固定镜头的拍摄

单反相机有大传感器的成像优势，配合大光圈、浅景深，单反相机在固定镜头的视频拍摄方面表现突出。

拍摄固定镜头时既要注意场面调度和演员调度，还要事先设计好拍摄的总机位、总角度以及镜头内部运动的总方向。此外，由于固定镜头的画面容易显得单调，拍摄时要注意调度演员的表演和镜头内部的运动。

图 4-45 至图 4-48 表现的是女主人公给男友写信的镜头，通过女演员的几个表情，生动地演绎了女主人公对美好情感的向往和寄托。

图 4-45

图 4-46

图 4-47

图 4-48

注：镜头：18-135；光圈：5.6；快门速度：1/50s；ISO：500；饱和度：+1；锐度：2。

图 4-49 至 4-54 表现的是男女主人公谈情说爱的画面。河边，夕阳，围栏，地平线，画面很有层次感和空间感。此处设计了俩人依偎在一起甜蜜的靠肩动作，此时无声胜有声，既增添了画面的情致，又令人对美好的情感产生遐想。

图 4-49   图 4-50

图 4-51   图 4-52

图 4-53   图 4-54

注：镜头：18-135；光圈：8；快门速度：1/30s；ISO：500；饱和度：+1；锐度：2。

图 4-55 至图 4-60 表现的是男女主人公相识后，女生态度由敌对转为友善的一场戏。拍女主角离开时的情节选用的也是固定镜头。在剧情中，女生敌对的态度刚刚缓和，男生还没来得及高兴，女生就走了。拍摄时先定好机位，再定好女演员的站位和走位，调好焦，拍摄就开始了。

镜头中，渐走渐远的女生在阳光下回眸一笑，男生瞬间被迷倒。随后，画面在女生远去的背影中越来越模糊，男生的心也跟着走远了。

图 4-55　　　　　　　　　　　　　图 4-56

图 4-57　　　　　　　　　　　　　图 4-58

图 4-59　　　　　　　　　　　　　图 4-60

四、多角度叙事拍摄

多角度拍摄可以带给观众多方位的视觉感受。通过不同角度的画面拍摄，摄影师既可以调动观众的心理和情感，还能给后期剪辑提供更多的选择空间，让观众更清晰地了解场景和故事。

图 4-61 至图 4-65 变现的是女生要跟男生告别的一场戏。多角度的镜头记

录了女生突然停住的脚步，难以启齿的抿嘴动作，轻捻树叶不知所措的双手，以及男生听到消息后表现出的复杂难舍的神情。

图 4-61

图 4-62

图 4-63

图 4-64

图 4-65

注：镜头：18-135；光圈：5.6；快门速度：1/50s；ISO：100；饱和度：+1；锐度：2。

在拍摄男女主人公初次相识的戏时，此处设计了女生在画画写生，男生路过拍照不小心打扰了女生的情节。镜头先从女生画画的手部特写开始，男生拍照路过，执笔画画的镜头特意留白，男生脚入画，引起女生注意。这时，主观镜头的视线逐渐上移，镜头变焦后落幅在了男生身上。再配合来回切换的双方主观镜头，增添了两人初次见面的戏剧性（图 4-66 至图 4-74）。

图 4-66

图 4-67

图 4-68

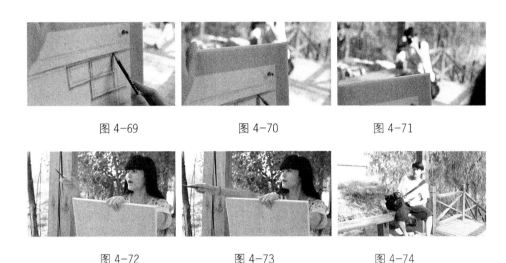

图 4-69　　　　　　　　图 4-70　　　　　　　　图 4-71

图 4-72　　　　　　　　图 4-73　　　　　　　　图 4-74

注：镜头：18-135；光圈：5.6；快门速度：1/50s；ISO：100；饱和度：+1；锐度：2。

五、变焦拍摄

变焦拍摄是视频拍摄时经常用到的手法。变焦拍摄存在一定的基本规律，其中非常重要的一个规律就是：近顺远逆。简单来说，当被摄主体朝着镜头靠近时，就按照顺时针的方向（从摄影师的方向看）转动调焦环进行变焦；反之，则按逆时针方向调焦。

图 4-75 至图 4-80 变现的是男女主人公骑车郊游的一场戏。先让画面模糊，随着两人骑车走近，镜头慢慢聚实。明媚的天空、弯弯的小路，镜头移拍，俩人身影由虚到实，亲密愉悦的神情慢慢展现，营造了恋人间快乐郊游的轻松氛围。

图 4-75　　　　　　　　图 4-76　　　　　　　　图 4-77

图 4-78　　　　　　　图 4-79　　　　　　　图 4-80

图 4-81 至图 4-84 变现的是两人分手的情节。女生回眸望向男生，以女生视角的主观镜头拍男生，男生面庞由模糊到清晰。镜头再切换到女生的面部，泪眼迷蒙又强行打住，镜头也是由虚变实，离别的难过心情呼之欲出。

图 4-81　　　　　　　　　　　　图 4-82

图 4-83　　　　　　　　　　　　图 4-84

随着科技的发展，单反相机的视频拍摄功能越来越完善、越来越人性化。在未来的视频拍摄领域，单反相机也必将会发挥更加重要的作用。

视频创作是个系统工程，既需要摄影师与导演、演员、灯光师等各种角色间的配合与协调，还需要创作人员具备镜头调度、演员调度的基本知识和能力。对于初次从事视频拍摄的摄影师来说，熟能生巧，能够玩得转相机，也就能够玩得转相机的视频功能。相信不久的将来，曾有过电影之梦的摄影人，能将曾经遥不可及的电影梦想变为现实，甚至成为一名优秀的电影导演。而由高清单反相机带来的这场技术革命，或许会在电影发展史上留下浓墨重彩的一笔。

第五章

微视频创作常用软件和后期剪辑

第一节　后期剪辑的语法

一、镜头的组接

后期剪辑的过程，也是对前期拍摄镜头进行组接、重组的过程。不同镜头的组合，形成不同的叙事内涵与视觉表达，也因此形成一定的情节、意义、气氛、观念。

镜头组接通常分为叙事组接和表现组接两大类：叙事组接主要解决叙事的问题，呈现所要讲述的故事，注重写实；表现组接主要呈现表达的情感或主题，注重写意。镜头组接既要具备整体观念，又要注意局部构成的转换。在结构要求上要讲求主次得当，同时还要把握情感逻辑和思维逻辑的组织和谐。

二、剪辑的节奏

剪接时镜头的长或短，会形成不同的剪接率，而不同的剪接率会影响作品的节奏。剪接时镜头的长短，取决于叙事的需要和情绪表达需要。剪接率低，镜头长，这样的画面组接在一起，形成的是慢节奏；反之剪接率高，镜头短，这样的镜头组接在一起，形成的则是快节奏。

剪接点通常可以分为如下几类：叙事剪接点、动作剪接点、情绪剪接点、节奏剪接点、声音剪接点。

第二节　常用软件概述

目前市面上存在各式各样的剪辑软件，比较常用的有 Pr、Ae、爱剪辑等，这三种软件在基本功能和目标用户方面有所差异，创作者可以根据创作需要选择适合自己的软件。Pr 软件主要用于时长较长影视作品的后期制作，具有较好的稳定性，以其简洁明了的界面受到广大专业人士的喜爱。Pr 软件提供素材采集、剪辑、调色、美化音频、字幕添加、输出、DVD 刻录等一系列流程，广泛应用于广告创作、影视节目制作，应用率和普及度都较高。Ae 软件跟 Pr 在基本功能方面差异不大，但在制作特效方面具有明显优势，使用 Ae 软件可以轻松制作出 2D、3D 的动画效果，是专业人士制作各种视觉效果的利器，广泛应用于电影、广告、多媒体以及游戏等领域。但要注意 Pr、Ae 软件只起到工具剪辑的作用，不可以储存文件，所以使用 Pr、Ae 软件进行剪辑时需要保存好原始素材，以免媒体丢失。爱剪辑作为一款新兴的剪辑软件，相对而言更加适用于普通视频爱好者。这款软件设计新颖，操作简单，深受视频爱好者的喜爱，一度成为剪辑神器，但其对视频音频的制作处理效果，从专业角度方面并不如 Pr、Ae 这两款软件，所以不被业内人士所青睐，本文将以 Pr 软件为样本展开讲述。

第三节　PR 剪辑软件的核心技术

一、Adobe Premiere Pro CS6

1. 参数设置

打开 Adobe Premiere Pre CS6，进入界面。

图 5-1

点击"新建项目",进入 Pr 工作界面(图 5-1)。然后对"视频格式""音频格式""采集格式""存储位置"以及"名称"进行设置(图 5-2)。设置完毕点击"确定",进入剪辑界面。

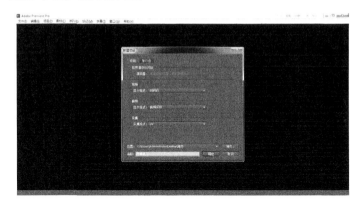

图 5-2

在此界面,要对未编辑的素材进行预设,以匹配视频的制式(图 5-3)。其中,"DV-PAL"制式是最基本、最常用的制式。具体预设,要根据未编辑素材的拍摄技术指标来匹配。

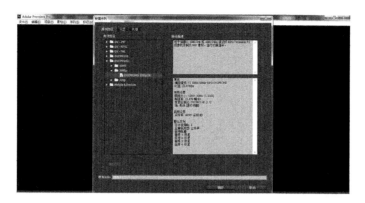

图 5-3

点击进入"设置"界面和"轨道"界面（图 5-4 至图 5-5）此界面上的参数也可以根据实际需要进行设置。

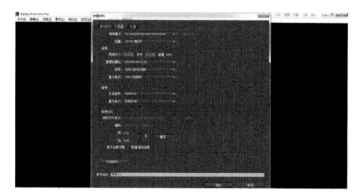

图 5-4

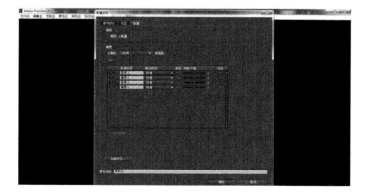

图 5-5

以上参数设置完毕后，在最下方编辑一个序列名称，点击"确定"，进入
工作界面。

2. 认识工作面板

进入工作界面，会出现若干个工作面板（图5-6）。

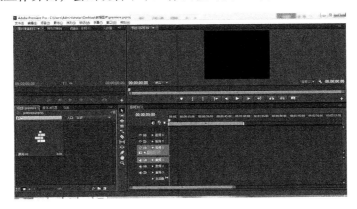

图 5-6

工作面板可以根据实际需要自行设置。点击菜单栏中的"窗口"，可对当
前工作区进行编辑，或者添加、删除工作区（图5-7）。

图 5-7

下面，将对几个常用的工作面板进行简单介绍。

（1）项目

项目面板是打开和罗列素材的区域，在这里可以将多个未处理的素材全部罗列并进行筛选。双击项目面板的空白处，即可导入素材，这是其中一种导入素材的方式（图 5-8）。

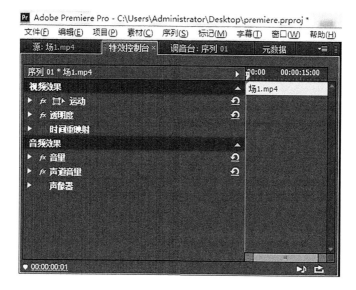

图 5-8

（2）源监视器

在这个工作区可以对未处理的素材进行预览。在项目面板页双击所要预览的素材，就可以在源监视器面板页对未处理素材做大致的了解和筛选（图 5-9）：

①设置，可以对该工作面板的界面进行设置。

②视频预览，仅能拖动视频至时间线面板并进行编辑。

③音频预览，仅能拖动音频至时间线面板并进行编辑。

④实时预览的时间码，显示素材当前播放的时间。

⑤素材的时间码，显示素材的总时长。

⑥时间标尺，可放大或缩小。

图 5-9

（3）特效控制台

编辑素材时，可以在特效控制台对素材的视频效果和音频效果进行设置，包括运动、透明度、音量等（图 5-10）。

图 5-10

（4）调音台

在调音台面板，可以对音频素材进行设置（图5-11）。

①显示/隐藏效果开关，可以对音频添加效果。

②可分别调整各音频的左右声道。

③可分别调节各音频的音量。

④同步调节所有音频的总音量。

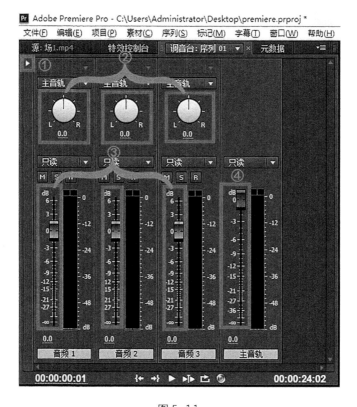

图5-11

（5）时间线实时预览窗口

该工作面板的界面与前面的源监视器面板大致相同，可以对正在编辑的素材进行实时的预览。除此以外还有一些需要注意的地方（图5-12）。

①可以对画面的大小进行缩放。

②可以调整画面的分辨率。

③标记出点、入点，选取需要编辑的区段。

④⑤逐帧键。④为逐帧退，⑤为逐帧进，可对素材进行以"帧"为单位的操作。

⑥导出单帧，可在项目面板页找到。

图 5-12

（6）效果

效果面板可以对素材添加滤镜、转场效果（图 5-13）。

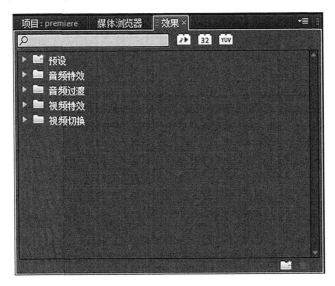

图 5-13

（7）时间线面板

时间线面板是该软件的核心工作区，对素材的大部分处理都在这里进行。有以下几处需要重点学习（图5-14）。

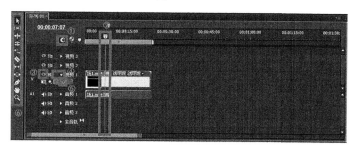

图 5-14

①吸附工具。打开这个工具会出现如下效果，如果视频1的轨道上有两个分列的素材，要把它们连接在一起。点击鼠标左键拖动后一个素材向前移动，两个素材在接近时可以自动吸附在一起，实现无缝连接，避免两个素材中间出现空白帧。反之，两个素材不会吸附，中间便容易出现空隙（图5-15、图5-16）。

图 5-15

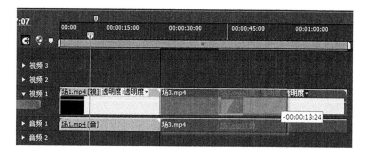

图 5-16

②时间指针，鼠标左键按住不放可以拖动其至素材的任意位置，并在这一位置进行编辑。

③切换轨道输出（图 5-17、图 5-18），当两个视频素材分别并列于视频 1 轨道和视频 2 轨道时，预览窗口只显示视频 2 轨道的画面。若点击视频 2 轨道前的"切换轨道输出"按钮，"眼睛"就会消失，这时预览窗口就可以显示视频 1 轨道的画面了。

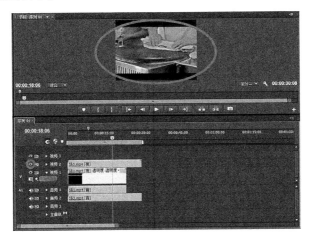

图 5-17

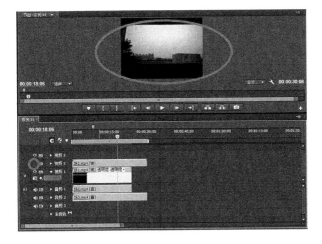

图 5-18

④轨道锁定开关，打开这个开关，该轨道上的素材无法被拖动。

⑤关键帧，将时间指针拖动到合适的位置，点击关键帧按钮，则在时间指针与黄色波形线的相交处打上了一个关键帧，利用关键帧可以做出各种效果（图 5-19）。

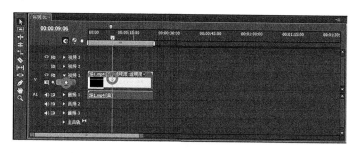

图 5-19

⑥工具栏，这些都是在处理素材时常用的工具，分别是：

选择工具

轨道选择工具

波纹编辑工具

滚动编辑工具

速率伸缩工具（可以达到快放、慢放的效果）

剃刀工具（对素材进行剪切，是最常用的工具）

错落工具

滑动工具

钢笔工具

手形工具

缩放工具

这些工具在后面的具体操作中会用到。

二、剪辑手法和技巧

1. 素材的导入

在前面介绍项目面板时曾讲到一种导入素材的方法，下面将对三种导入素材的方法进行详细介绍。

（1）项目面板导入

进入项目面板，双击项目面板的空白处，即可打开素材导入的窗口（图5-20）。

图 5-20

（2）媒体浏览器导入

进入媒体浏览器面板，可以找到未处理素材所存放的位置，找到并导入（图5-21）。

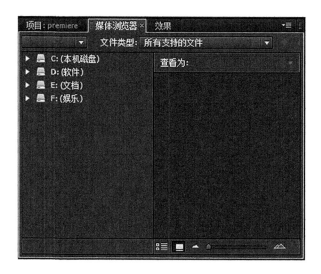

图 5-21

（3）菜单栏文件导入

点击菜单栏的"文件"，点击"导入"，也可转到素材导入的窗口（图 5-22）。

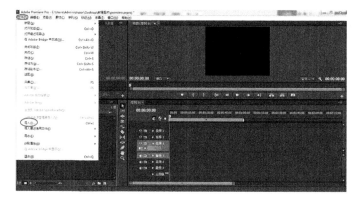

图 5-22

2. 视频的剪辑

对一段未处理的素材，首先要进行的就是粗剪，将有意义的镜头保留，将无意义的镜头或者废镜头舍去。

导入一段视频素材，先进行预览，判断要剪辑的位置，将"时间指针"

拖动至此处，可以利用"逐帧键"，来找到精确的剪辑位置。然后选择工具栏中的"剃刀工具"，移动至需要剪辑的位置，鼠标左键单击，可以将需要的镜头和不需要的镜头切分开来。回到工具栏切换为"选择工具"，选中废弃镜头，按下键盘中的"Delete"键，便可将废弃镜头删除（图 5-23、图 5-24）。

图 5-23

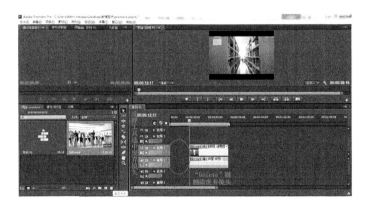

图 5-24

　　除了删减素材以外，还可以将不同的或相同的素材连接，产生特殊的艺术效果。如图 5-25 所示，在这段素材中截取一段拍摄图书馆书架水平方向的移镜头，并复制几段相同素材进行连接，就会出现一种书架很多，图书馆很大的效果。

图 5-25

或者也可以运用蒙太奇手法，将匹配在一起能产生奇特效果的镜头相连接。如图 5-26 所示，具有某些相似点的镜头可以连接，如一个镜头里一只小麻雀在蹦蹦跳跳；另一个镜头里一个学生脚步匆匆走向教室，将两个镜头相连接就更能突显出学生的匆忙和学习氛围的紧张感。

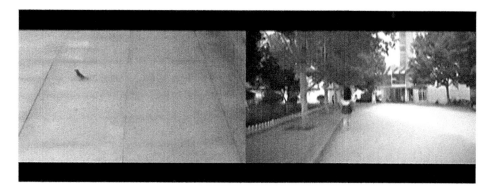

图 5-26

如果在剪辑素材时，前面或后面的镜头删的过多，想要找回被删掉的镜头，可使用"选择工具"，拉长素材的开头或结尾即可，被删掉的镜头就恢复了（图 5-27）。

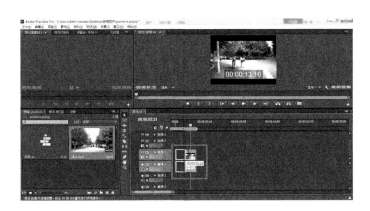

图 5-27

3. 视频的快放、慢放与倒放

导入一个视频素材，拖动至时间线面板，鼠标右键选中视频轨道上的素材，选择"速度 / 持续时间"，进入参数设置的小窗口（图 5-28、图 5-29）。

图 5-28

默认"速度"是 100% 的正常播放速度，如果想达到"快放"的效果，只需将"速度"调整为大于 100% 的数值即可，这时，素材的时长也会相应的缩短；"慢放"效果则是将"速度"调整为小于 100% 的数值，素材时长也会延长。

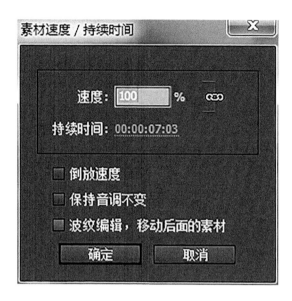

图 5-29

如果勾选"倒放速度"，则视频素材呈现"倒放"的效果，然后再根据需要调整"速度"。

如果勾选"保持音调不变"，那么视频素材中的音频音调将保持不变，并且"速度"加快或放慢时不会出现奇怪的变声。如果想要让视频素材中的音频保持原始状态，则鼠标右键选中素材，点击"解除视音频链接"，这时再对素材进行其他处理，视频音频就不会同步变化了（图 5-30）。

图 5-30

在对视频素材设置"快放"或"慢放"时，视频和音频的时长不匹配了，可根据实际需要修剪视频或音频素材（图 5-31、图 5-32）。

图 5-31

图 5-32

另外还有一种更为便捷的"快放""慢放"方法，选择工具栏中的"速率伸缩工具"，然后将需要设置的素材缩短或拉长。缩短即是"快放"，拉长则呈现"慢放"（图 5-33）。

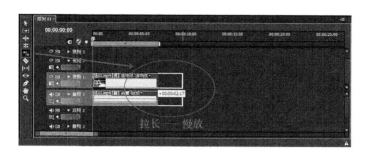

图 5-33

4. 视频切换的运用

视频切换就是"转场"，当几个素材相连接时，素材与素材之间的切换呈硬切的效果，跳转会比较生硬。所以，在必要的时候，可以添加转场效果使不同素材之间的转换更加流畅。

首先导入几个素材（图 5-34），这里以三张图片为例，拖入视频 1 轨道。

图 5-34

进入效果面板，点击"视频切换"，会出现很多转场特效。选择一种转场特效，比如"擦除"中的"棋盘"效果，鼠标左键拖动至图片 1 和图片 2 的对接处（图 5-35）。

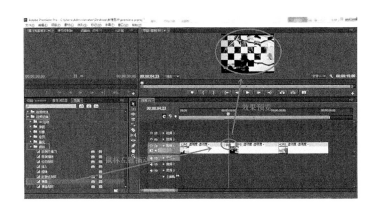

图 5-35

　　转场特效的时长可调整，将鼠标箭头移至两个素材对接处的转场特效的位置，拉长其前端或后端，可以延长转场的时间。另外，还可以通过特效控制台面板对转场特效进行设置。选中素材对接处的转场特效，转入特效控制台面板（图 5-36），有以下几点需要说明。

图 5-36

　　①持续时间，这里转场特效的默认持续时间是 1 秒，可以进行设置，延长或缩短持续时间。

　　②时间线面板的图片素材与转场特效是相对应的，可以通过拉长和缩短此处的转场特效来改变持续时间。

③对齐，一般默认为"居中于切点"，另外还有"开始于切点"和"结束于切点"，它影响转场特效的位置（图 5-37）。

④边宽、边色、反转都可以根据实际需要进行设置。

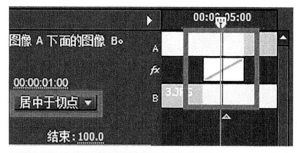

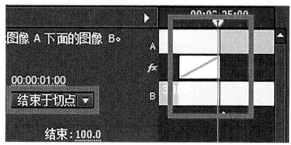

图 5-37

5. 音频过渡效果

如果想让相连的不同音频素材过渡得自然，则进入效果面板，点击"音频过渡"，选择任意一种效果即可。具体操作方法参考上一节的"视频转场特效运用"。除此之外，还可以手动制作音频过渡效果。如图 5-38 所示，导入两段有音频的素材，选择"钢笔工具"，在图中所示位置打上①②③④共四个关键帧。

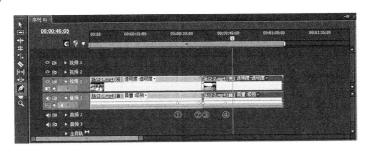

图 5-38

将②③关键帧向下拖动，就会出现音频 1 结尾处"渐隐"、音频 2 开头处"渐显"的效果；或者将②③关键帧向上拖动，效果相反（图 5-39）。

图 5-39

将音频 2 素材拖动到音频 2 轨道上，并使两素材的对接处重叠一部分，就会呈现"叠化"效果，即在音频 1 结束前音频 2 逐渐响起（图 5-40）。

图 5-40

选中一个音频素材，进入特效控制台面板。以"音量"为例，也可以进行关键帧的设置，首先音量级别设置为"0dB"，点击后面的小菱形打上一个关键帧（图 5-41）。

图 5-41

然后将时间指针向后拖动一段距离，将音量级别设置为"6dB"，打上第二个关键帧，时间线面板上的音频素材也相应的打上了关键帧，这样就会出现音量由小到大的效果（图 5-42）。

图 5-42

同样的，下面的"左、右声道音量"和"平衡"也可以进行关键帧设置。

6. 视频特效的运用

视频特效可以简单地理解为"滤镜"，为视频的画面添加一些效果，使画面呈现更多地变化。

　　首先导入素材，点击效果面板中的"视频特效"，选择其中一种并拖至时间线面板的素材上（图 5-43），添加"杂波与颗粒"中的"杂波"特效，画面中就会出现许多杂波，变得模糊不清。进入特效控制台，可以对杂波数量等参数进行设置，这里设置为"20%"，可以在预览窗口看到图 5-44 的效果。

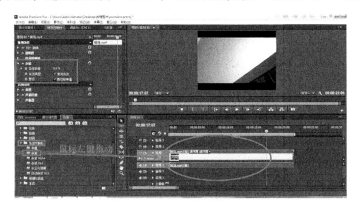

图 5-43

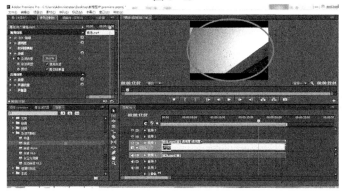

图 5-44

　　再如，添加"模糊与锐化"中的"快速模糊"效果，进入特效控制台面板，对使用的特效进行更为具体的设置，使特效的呈现产生变化。如图 5-45 所示，在特效控制台的各项参数前有一个"码表"的图标，它用来添加关键帧，根据实际需要针对视频特效发生变化。

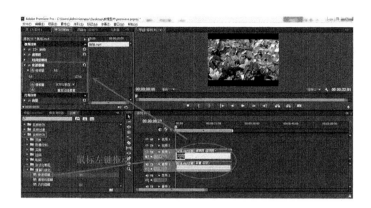

图 5-45

在素材的开头将"模糊量"设置为"6",打上第一个关键帧,这时候可以在预览区看到,画面呈现较为模糊的效果(图 5-46)。

图 5-46

然后在间隔 3 ~ 4 秒之后,将"模糊量"设置回"0",打上第二个关键帧,预览区的画面重新变得清晰(图 5-47)。

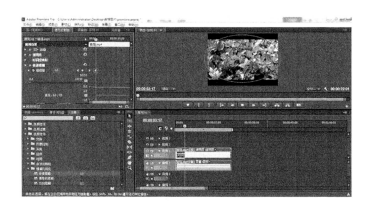

图 5-47

重新预览素材，就可以看到一个由模糊逐渐清晰的、柔和的开头效果。

又如，添加"视频"中的"时间码"特效，添加至素材，可以在预览画面中看到时间码，并在特效控制台可以进行参数的设置。必要时可进行添加（图 5-48）。

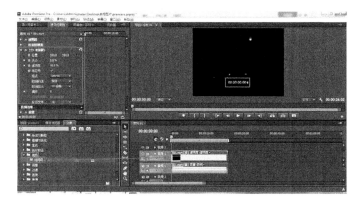

图 5-48

除了以上几种特效之外，还有多种特效可以使用，具体要根据实际需要进行使用。

7. 添加字幕

点击菜单栏里的"字幕——新建字幕——默认静态字幕"（图 5-49）。

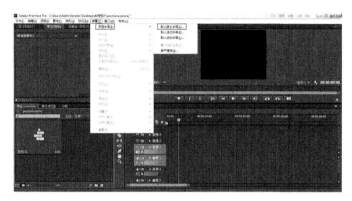

图 5-49

弹出小窗口（图 5-50），显示字幕的"宽高比""时基"和"像素纵横比"，这些参数与项目是一致的，点击"确定"。

进入字幕面板，认识字幕面板的构成（图 5-51）。

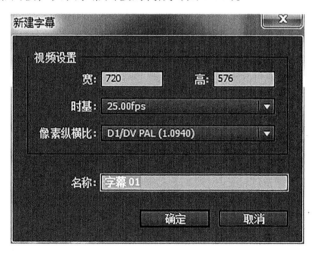

图 5-50

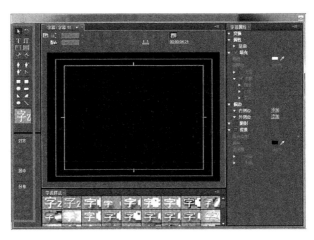

图 5-51

首先①工具栏中几个重要的工具

⬛ 选择工具

⬛ 旋转工具（对字幕进行旋转任意角度）

⬛ 输入工具（输入的是横向文字）

⬛ 垂直文字工具

⬛ 路径文字工具（图 5-52），点击"路径文字工具"，在预览区域用鼠标画出一条路径。

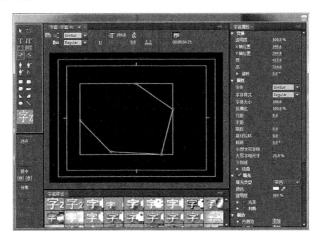

图 5-52

再次点击"路径文字工具"，输入文字，可以看到文字的排列与路径保持一致（图 5-53）。

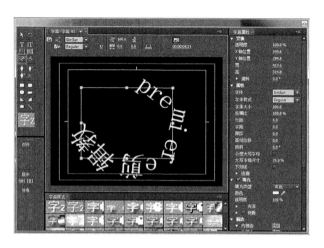

图 5-53

垂直路径文字工具。使用方法与路径文字工具一致，只是文字方向不同，效果如图 5-54 所示。

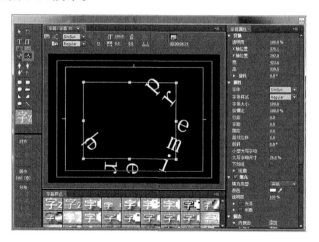

图 5-54

钢笔工具。可以用来绘制文字路径、文字遮罩等。

点击"输入工具"，在输入文字后，于②处调整"字体、大小、字距、行距"等（图 5-55）。

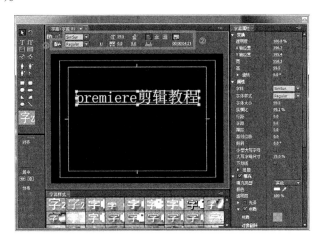

图 5-55

③模板。Premiere 内置的模板，必要时可以使用。固定的图案及配色，只需更换文字内容即可，使用起来便捷高效（图 5-56）。

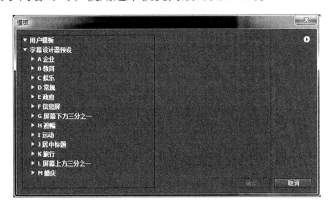

图 5-56

④文字安全框。这里白线框起来的区域称为"文字安全框"，安全框以外的文字，在输出的视频中是看不到的，安全框以内的文字才能被显示（图 5-57）。

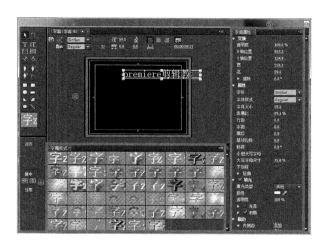

图 5-57

⑤字幕属性。同样可以对字幕的"字体、大小、字距、行距"等进行设置，还可以进行"填充、颜色、透明度"等效果的设置，使字幕更加美观。

⑥字幕样式。软件自带的字幕样式，可以直接使用。

根据上述步骤设计好字幕，最后点击工作面板右上角的"关闭"，做好的字幕就会出现在项目面板里，再将鼠标左键拖动至时间线面板，可配合声画素材进行编辑。也可以为字幕添加动画特效，具体操作方法参考"视频特效的运用"。

8. 滚动字幕

滚动字幕是字幕的一种，是从屏幕下方向上滚动的一种状态。一般电影电视作品结尾出现的演职员表，就是使用滚动字幕制作的。

选择"字幕——新建字幕——默认滚动字幕"（图 5-58）。弹出小窗口（图 5-59），可以根据实际需要设置参数。一般使用默认参数即可。

进入工作面板，详细了解参考"添加字幕"一节。

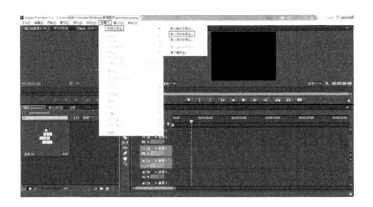

图 5-58

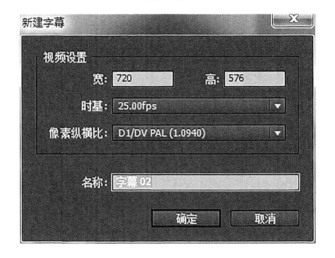

图 5-59

　　点击工具栏的"输入工具"，输入内容，根据需要调整"字体、字号、行距"等。完成字幕内容后，点击左上角的"滚动 / 游动选项"（图 5-60）。

　　弹出对话框（图 5-61），确认字幕类型是"滚动字幕"，一般会勾选"开始于屏幕外""结束于屏幕外"，当然也可以不勾选。设置完毕后点击"确定"，回到滚动字幕工作面板。点击右上角的"关闭"，滚动字幕制作完成。

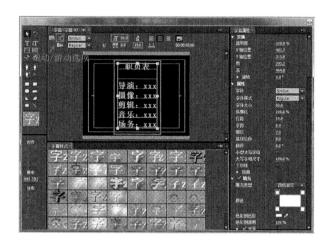

图 5-60

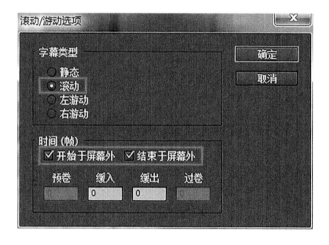

图 5-61

在项目面板里找到制作好的滚动字幕，拖动至时间线面板的视频轨道，可以预览效果（图 5-62 至图 5-64）。一般字幕的默认时长是 5 秒，如果觉得滚动得过快，可以在时间线面板上将字幕时长拉长，滚动速度就会变慢，反之加快（图 5-65）。

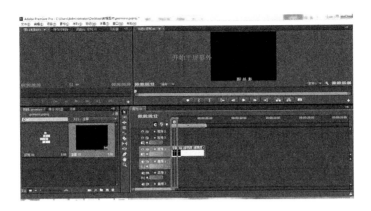

图 5-62

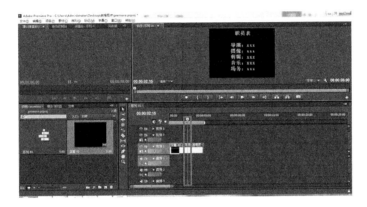

图 5-63

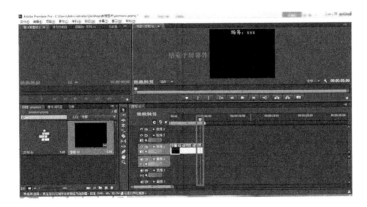

图 5-64

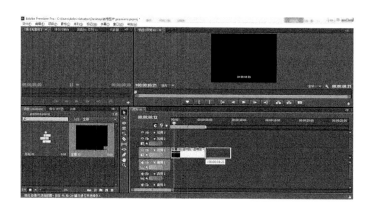

图 5-65

9. 游动字幕

游动字幕是字幕的一种，是在屏幕的水平方向游动的一种状态，可以是从左边向右边，也可以是从右边向左边。像现在流行的"弹幕"，它的出现方式，就是游动字幕的样式。游动字幕的制作方法和滚动字幕的制作方法类似。

选择"字幕——新建字幕——默认游动字幕"。弹出小窗口设置好参数，进入工作面板，点击工具栏的"输入工具"，输入内容，调整"字体、字号、行距"等（图 5-66）。

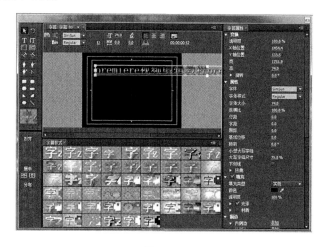

图 5-66

完成字幕内容后，点击左上角的"滚动／游动选项"。这里可以选择"左游动"，即从右向左游动；也可以选择"右游动"，即从左向右游动。"开始于屏幕外""结束于屏幕外"根据实际情况勾选（图 5-67）。

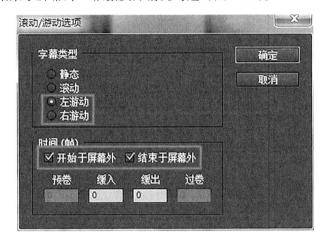

图 5-67

设置完毕点击"确定"回到游动字幕工作面板。点击右上角的"关闭"，游动字幕制作完成（图 5-68 至图 5-70）。预览游动字幕的效果，同样的，还可以根据实际需要调整游动字幕的时长，这里不再详述。

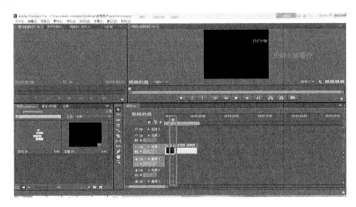

图 5-68

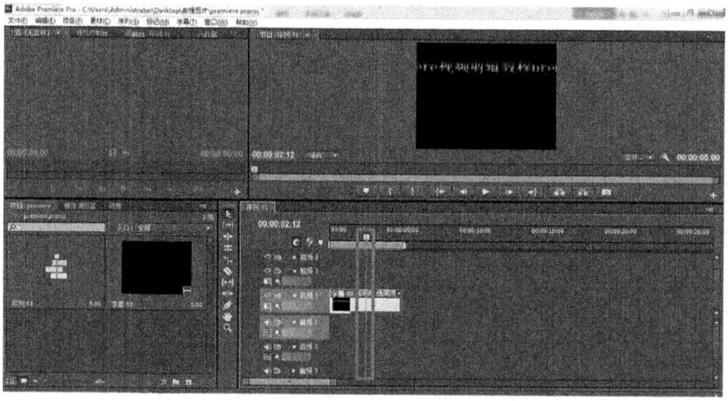

图 5-69

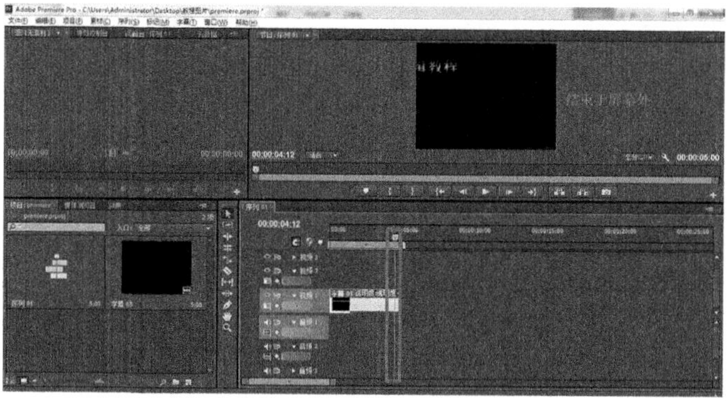

图 5-70

10. 片头倒计时制作

鼠标左键点击“文件——新建——通用倒计时片头”（图 5-71）。

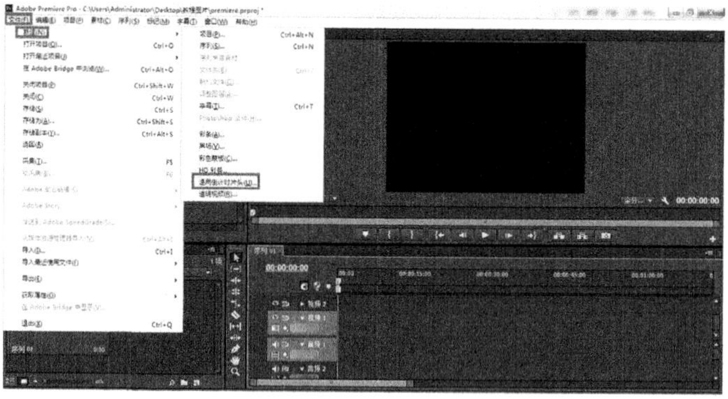

图 5-71

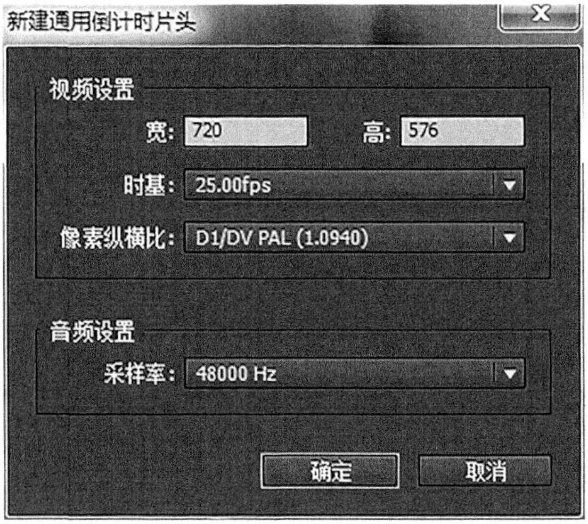

图 5-72

出现参数设置对话框（图 5-72），设置好参数后，点击"确定"。进入片头倒计时制作的工作区，如果不做任何改动，则默认片头倒计时（图 5-73）。

上述图示中的"视频、音频设置"都可以根据需要调整（图 5-74）。

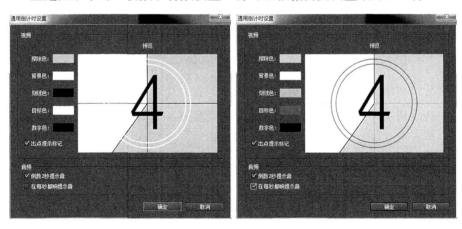

图 5-73   图 5-74

制作完毕点击"确定"，从项目面板拖动至时间线面板，一个倒计时片头就做好了。接下来还可以根据需要进行改变时长、添加视频特效等操作。

11. 色度键抠像

运用色度键抠像，只能抠出单个背景色。一般提到的"抠绿""抠蓝"效果便可以通过色度键抠像做到。如图 5-75 所示，是一张蓝色背景的风景照，那么在使用色度键抠像时，只能抠出蓝色背景来。

图 5-75

首先导入素材。以两张图片素材为例，一张是纯色背景的风景照，一张是色彩纷繁的风景照。将纯色背景的图片拖动至视频 2 轨道上，将颜色复杂的图片拖入视频 1 轨道，两张图片位置并列（图 5-76）。

进入效果面板，点击"视频特效——键控——色度键"，将该特效拖动至视频 2 轨道的素材上，也就是被抠像的素材上（图 5-77）。

进入特效控制台，点击"颜色"后面的"吸管"图标，移动至预览面板中被抠像图片的蓝色背景上，点击吸取颜色。调整"相似性"，直至被抠像图片的蓝色背景基本消失，新背景部分清晰呈现，再适当地调整一下"混合""阈值"等，使其融合得更加自然，即抠像完成。视频素材操作方法同上（图 5-78 至图 5-79）。

图 5-76

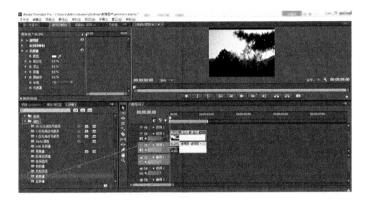

图 5-77

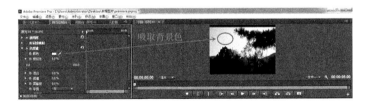

图 5-78

图 5-79

假设素材中的人物穿了蓝色的衣服，背景也是与衣服颜色相似的蓝色纯色背景，那么在进行色度键抠像时，人物的身体也会被扣掉一部分。这就是为什么有些用"抠蓝""抠绿"技术制作的电视节目，主持人不会穿蓝色、绿色的衣服，比如《天气预报》等。

12.RGB 曲线调色

RGB 曲线是非常重要的调色工具，画面素材的对比度、亮度、色阶等参数都可以通过曲线进行调节。如图 5-80 所示，导入一个图片素材，进入视频特效面板，找到"色彩校正"中的"RGB 曲线"。添加"RGB 曲线"特效，进入特效控制台，可以看到有四个曲线图，分别是"主通道""红色通道'R'""绿色通道'G'""蓝色通道'B'"，适当调整曲线，为图片进行调色。

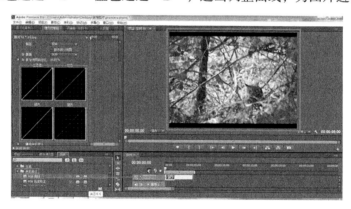

图 5-80

关于这四幅曲线图，可做一个简单的了解。首先要认识的就是主通道，利用主通道的曲线，可以调节画面的曝光度。比如，向左上角拉动曲线时，可以让画面更加明亮；向右下角拉动曲线时，画面就会更加暗沉（图 5-81、图 5-82）。

图 5-81

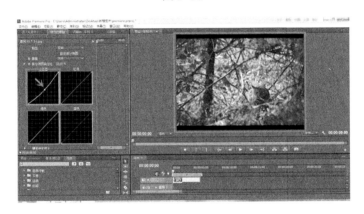

图 5-82

　　主通道曲线还可以用来增加或者减少画面的对比度。增加了对比度的曲线简称为"S 曲线"，减少了对比度的曲线简称为"反 S 曲线"，如下图，对比度增加，画面更加通透，但是细节被削弱；对比度减少，画面细节增多了，但是画面显得灰蒙蒙的（图 5-83、图 5-84）。

图 5-83

图 5-84

红、绿、蓝色曲线主要是用来调色。这里涉及关于光学"三原色"和"三补色"的知识，三原色"红、绿、蓝"分别对应三补色"青、洋红、黄"。

红色曲线的基本用法。红色曲线可以为画面加入红色或青色。向左上角拉动红色曲线时，画面中红色增加了；向右下角拉动红色曲线时，画面中青色增加了（图 5-85、图 5-86）。

绿色曲线的基本用法。绿色曲线可以为画面加入绿色或洋红色。向左上角拉动绿色曲线时，画面中绿色增加了；向右下角拉动绿色曲线时，画面中洋红色增加了（图 5-87、图 5-88）。

图 5-85

图 5-86

图 5-87

图 5-88

蓝色曲线的基本用法。同样的，蓝色曲线可以为画面加入蓝色或黄色。向左上角拉动蓝色曲线时，画面中蓝色增加了；向右下角拉动蓝色曲线时，画面中黄色增加了（图 5-89、图 5-90）。

RGB 曲线用途广泛，使用灵活，在这些基础的用法上，还可以进行更为复杂的、精细的调色，使素材的视觉效果更佳。

图 5-89

图 5-90

13. 视频的输出与编码

项目制作完毕后，就可以输出了。

点击菜单栏"文件——导出——媒体"，弹出对话框（图 5-91）。

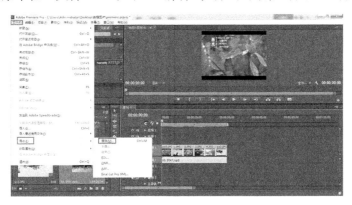

图 5-91

"格式"与"预设"的设置需要与最开始建立项目时设置的格式一致。点击"输出名称"，选择输出位置并更改名称，然后勾选"导出视频""导出音频"。

下面的一些参数，如必要可以进行相应的设置，一般默认即可（图 5-92）。

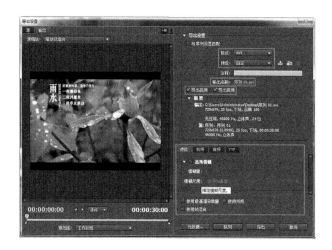

图 5-92

设置完毕，点击"导出"，等待渲染完毕，项目就完成了。

以下两个文件（图 5-93），第一个是源文件，可以在先前制作的基础上再次进行修改。第二个是成品，是视频文件。

图 5-93

剪辑是一项创造性的活动，是一个复杂而又充满挑战的过程，除了必须要熟悉软件的基本操作以外，还需要剪辑人员具有准确的创作理念和创新性的剪辑思维，能够不拘泥于传统的剪辑思路，不断开拓创新。

主要参考文献

［美］马泰·卡林内斯库:《现代性的五副面孔》,顾爱彬等译,商务印书馆 2002 年版。

［美］杰克·波布克、埃伦·H.约翰逊编《当代美国艺术家论艺术》,姚宏翔等译,上海人民美术出版社 1999 年版。

朱亮,李云:《新媒体艺术的冲击和境遇——"合成时代:媒体中国 2008——国际新媒体艺术展"策展人张尕访谈》,《装饰》2008 年第 7 期。

黎风:《微影像:新媒体语境下的影像新形态》,《今传媒》2015 年第 23 期。

巨浪主编《电视摄像》,浙江大学出版社 2008 年版。

高雄杰:《影视画面造型》,中国电影出版社 2004 年版。

吴鑫:《影视艺术摄像实验教程》,南京师范大学出版社 2011 年版。

后　记

回顾自己的影像历程，我真正开始学习摄影是在 1991 年，至今都快三十年了。这些年来，摄影从黑白到彩色，从胶片到数码，从静态到动态，影像的内涵和外延发生了翻天覆地的变化。尤其是近年来数字技术与互联网的发展，为影像艺术的生产传播和呈现方式提供了更加多元化的平台与媒介。微视频就是基于互联网作为一种全新媒介的特质及其具备的革命性影响而产生的概念。对微视频艺术、技术做系统梳理，有助于提升对微视频在创作传播、影像文化和影像美学等方面的认知维度。

在本书的撰写过程中，我的研究生冯丽桦、高健理、陈小雨和本科生徐竟哲，他们结合自己的艺术创作参与了本书部分内容的编写工作，本书中的大部分案例，选编了他们的艺术实践作业。此外，本书中选编的微电影《再见，来不及握手》《终点的距离》来自李俊俊和丛一凡同学的实践作业。

无论影像如何发展，对于微视频创作者来说，思想观念、修养担当、叙事能力、影像技术和技巧都是最重要的素质。

常秀芹

2020 年 7 月

195